ディジタル信号処理のエッセンス

貴家 仁志［著］

Ohmsha

本書を発行するにあたって，内容に誤りのないようできる限りの注意を払いましたが，本書の内容を適用した結果生じたこと，また，適用できなかった結果について，著者，出版社とも一切の責任を負いませんのでご了承ください．

本書は，「著作権法」によって，著作権等の権利が保護されている著作物です．本書の複製権・翻訳権・上映権・譲渡権・公衆送信権（送信可能化権を含む）は著作権者が保有しています．本書の全部または一部につき，無断で転載，複写複製，電子的装置への入力等をされると，著作権等の権利侵害となる場合があります．また，代行業者等の第三者によるスキャンやデジタル化は，たとえ個人や家庭内での利用であっても著作権法上認められておりませんので，ご注意ください．

本書の無断複写は，著作権法上の制限事項を除き，禁じられています．本書の複写複製を希望される場合は，そのつど事前に下記へ連絡して許諾を得てください．

出版者著作権管理機構
（電話 03-5244-5088, FAX 03-5244-5089, e-mail: info@jcopy.or.jp）

JCOPY ＜出版者著作権管理機構 委託出版物＞

まえがき

　1965年にJ.W.CooleyおよびJ.W.Tukeyにより高速フーリエ変換（FFT）が提案され，ディジタル信号処理は，単なる信号の数学的記述法ではなく，実時間処理を前提にした高精度な信号処理技術として注目された．その後，B.Gold，C.Rader，A.V.Oppenheimを始めとする多くの研究者により，ディジタル信号処理は体系的に整理され，今日まで急速な進展を続けている．同時に情報通信，制御工学，計測工学，メディア工学などの分野と高度に融合し，理数系分野の基礎科目として重要な位置にある．それに伴い，ディジタル信号処理を学ぶ読者の専門分野や目的は多岐にわたるようになってきている．

　このような背景から，本書の執筆にあたり，まず第1に，入門的書籍として本書を利用し，ディジタル信号処理の概要を習得することを目的とする読者を想定した．第2に，高専や学部高学年，大学院あるいは企業においてディジタル信号処理の基礎の習得と，その実際的活用を目的とする読者である．第3は，アナログ信号処理やフーリエ解析の知識がある程度あり，アナログ信号処理との対比としてディジタル信号処理に興味がある読者である．第1章で述べるように，コラムで紹介した内容と，各章の関係を考慮して，本書を読者の目的に応じて活用頂きたい．本書は，入門書として執筆されているが，中級の専門書としても十分な内容があると考えている．既刊の姉妹本「ディジタル信号処理」における画像の記述を割愛し，構成全体を見直し内容に関するより詳細な説明を追加している．本書が教育の場や企業の現場において何らかの手助けになれば幸いである．

　最後に，本書の執筆にあたり研究室の学生の方々にご協力を頂いた．特に原稿の見直しおよび修正をお願いした伊藤泉氏，本書で使用した図の作成をご協力頂いた遠藤耕太，飯塚郁絵の両氏に謝意を表す．末筆ながら，本書の執筆の機会を頂いた昭晃堂社長阿井國昭氏，編集課長の橋本成一氏にここにお礼を申し上げる．

2007年1月

貴家仁志

目　　次

1　信号の表現と分類

1.1　ディジタル信号処理……………………………………… 1
1.2　信　号　の　分　類 ……………………………………… 3
1.3　信号の基本演算 …………………………………………… 5
1.4　本　書　の　構　成 ……………………………………… 8
　　　演　習　問　題 …………………………………………… 9

2　ディジタル信号

2.1　信号のサンプリング……………………………………… 10
2.2　信号の正規化表現 ……………………………………… 14
2.3　信号の量子化と符号化 ………………………………… 16
2.4　アナログ信号とディジタル信号 ……………………… 20
2.5　代表的な離散時間信号 ………………………………… 21
2.6　信号の処理手順 ………………………………………… 24
　　　演　習　問　題 ………………………………………… 25
　　　コラム A　複素数の表現と演算 ……………………… 26
　　　コラム B　理想サンプリングと自然サンプリング … 28

3　線形時不変システム

3.1　信号処理システムとは ………………………………… 30
3.2　線形時不変システム …………………………………… 33
3.3　システムの実現 ………………………………………… 40
3.4　周期的たたみ込み ……………………………………… 45
　　　演　習　問　題 ………………………………………… 49

4　z 変換とシステムの伝達関数

4.1	z 変換	51
4.2	z 変換の性質	53
4.3	システムの伝達関数	55
4.4	システムの z 領域表現	57
	演習問題	62
	コラム C　z 変換の収束領域	63
	コラム D　ラプラス変換と z 変換	65

5　システムの周波数特性

5.1	周波数特性の導入	67
5.2	システムの周波数特性	67
5.3	周波数特性の表記法	73
5.4	N 点移動平均	77
	演習問題	79
	コラム E　連続時間システムの周波数特性	80

6　再帰型システム

6.1	フィードバックのあるシステム	82
6.2	定係数差分方程式	84
6.3	再帰型システムの伝達関数と極	86
6.4	システムの安定判別	90
	演習問題	93

7　離散時間信号のフーリエ解析

7.1	フーリエ解析の導入	96
7.2	離散時間フーリエ級数	99
7.3	離散時間フーリエ変換	106
7.4	DTFT の性質	109
	演習問題	111

8 サンプリング定理とDFT

- 8.1 フーリエ級数 …………………………………………………… 114
- 8.2 フーリエ変換 …………………………………………………… 118
- 8.3 サンプリング定理 ……………………………………………… 119
- 8.4 DFTによるフーリエ解析 ……………………………………… 122
- 演習問題 ………………………………………………………… 125
- コラム F　サンプリングの影響 ………………………………… 127
- コラム G　信号の復元 …………………………………………… 127

9 FFTとその応用

- 9.1 高速フーリエ変換 ……………………………………………… 131
- 9.2 FFTによるたたみ込み実現 …………………………………… 138
- 9.3 窓関数とFFT …………………………………………………… 141
- 9.4 相関計算 ………………………………………………………… 147
- 演習問題 ………………………………………………………… 150
- コラム H　重複加算法と重複保持法 …………………………… 150

10 ディジタルフィルタ

- 10.1 ディジタルフィルタとは ……………………………………… 153
- 10.2 ディジタルフィルタの分類 …………………………………… 153
- 10.3 直線位相フィルタ ……………………………………………… 157
- 10.4 フィルタの伝達関数近似 ……………………………………… 163
- 10.5 フィルタの構成 ………………………………………………… 167
- 演習問題 ………………………………………………………… 170

演習問題解答 ……………………………………………………………… 172

文　献 ……………………………………………………………………… 182

索　引 ……………………………………………………………………… 183

1 信号の表現と分類

ディジタル信号処理の詳細な説明の前に，本章では，ディジタル信号処理とは何か，信号処理の目的，および信号の分類と基本演算について述べる．また，本章の2章以降を読み進んで頂くために，本書の構成について説明する．

1.1 ディジタル信号処理

まず最初に，ディジタル信号処理とその目的について説明しよう．

1.1.1 ディジタル信号処理とは

自然界には種々の情報が存在し，我々はそれらの情報を電気信号として観測することができる．例えば，会話の際には音声情報が，日々の生活には視覚情報が重要であり，我々はそれらをマイクやビデオカメラを用いて取得することができる．脳波や心電図は体の健康状態に関する情報を，地震波は地震の震源地や規模の情報を与える．このような自然界の信号は，本来，すべてアナログ信号 (analog signal) である．

一方近年，このような信号は，コンピュータ処理に代表されるように，ディジタル回路で処理されることが多い．これは，アナログ回路による処理に比べ，ディジタル処理には処理の多様性や高信頼性などの多くの利点が存在するためである．**ディジタル信号処理** (digital signal processing) とは，このように，本来アナログであった信号をコンピュータやディジタル回路を用いて代数的演算 (加減算，乗除算) により処理する方式をいう．

コンピュータはアナログ信号を直接取り扱うことができない．すなわち，自然界の信号に対して，コンピュータにより直接ディジタル信号処理を実行することはできない．そのために，アナログ信号を一度ディジタル信号に変換し，処理を実行する必要がある．図 1.1 は，以上の背景について，図的に説明したもので

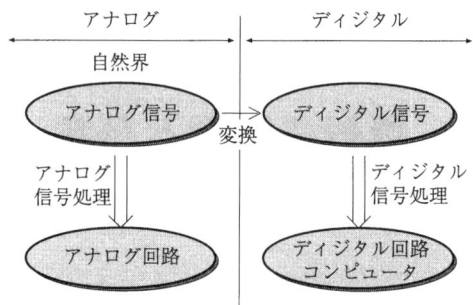

図 **1.1** ディジタル信号処理とは

ある．

1.1.2 信号処理の代表例

ディジタル信号処理は，様々な分野において応用されている．そこでは，信号中から応用ごとに必要な情報を抽出すること，情報をできる限り正確に伝達するために信号の加工が行われている．信号処理の応用分野を概観するために，以下では代表的な信号処理例について述べる．

(1) 雑音除去 (図 1.2 (a))

一般に，観測された信号には雑音が含まれる．信号処理の目的の 1 つは，雑音成分を取り除き観測された信号から必要とする成分のみを取り出す，雑音除去にある．フィルタリングという信号処理は，この雑音除去を目的として用いられることが多い．

(2) 信号の変調・復調 (図 1.2 (b))

電気信号に変換された種々の情報を遠隔地に通信するために，無線等の通信条件に適した形に信号を加工する必要がある．この信号の加工を信号の変調，再び元の信号に復元する操作を復調という．このような信号の変調・復調処理は，代表的な信号処理技術である．

(3) 信号間の相関 (図 1.2 (c))

信号処理の応用分野では，しばしば複数の信号間の関係を調べることが重要となる．この関係の 1 つに，信号間の相関がある．信号間の相関を求め，そのことを応用することは様々な分野において頻繁に行われている．

(4) 信号の特徴解析

観測される信号には，一般に様々な情報が含まれている．それらの中から重要

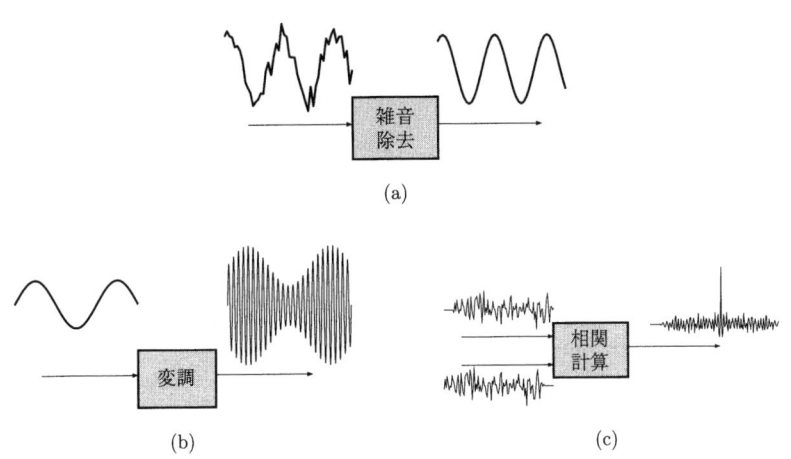

図 1.2 信号処理の代表例

な特徴量を応用ごとに選別し抽出することが，信号中に含まれる情報を有効に活用するために必要となる．信号処理の重要な目的の1つは，この信号の特徴解析にある．

(5) システムの同定

特性が未知のシステムに対して，その入力信号と出力信号からシステムの特性を求めることをシステム同定という．このシステム同定を実行することによって，劣化した信号を復元したり，音響の空気中の伝搬路などを電気的システムとして等価表現することが可能となる．

1.2 信号の分類

信号には，その性質の違いに着目した種々の分類法が存在する．それは，信号の性質の違いにより，その処理法が異なるためである．ここでは，すべての時刻 t で値 $x(t)$ が定義された信号を用いて，信号の幾つかの分類法を説明しよう．

(1) 周期信号（図 1.3 (a)）

任意の時刻 t において，ある正の定数 T に対して

$$x(t) = x(t+T) \tag{1.1}$$

が成立するとき，$x(t)$ を**周期信号**（periodic signal）という．ここで，T を周期 (period)，周期のうち最小の周期を**基本周期**（fundamental period）という．周

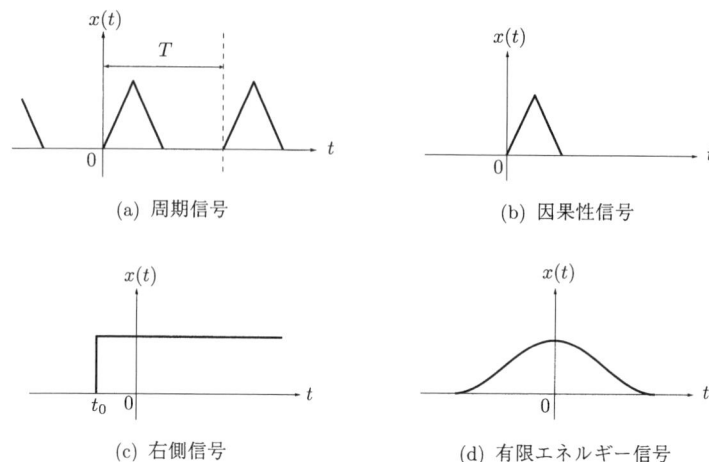

図 1.3　信号の分類

期を持たない信号を 非周期信号 (non-periodic signal) という．
(2) 因果性信号 (図 1.3 (b))
負の時間でゼロ値となる信号，すなわち

$$x(t) = 0, \ t < 0 \tag{1.2}$$

を満たす信号を**因果性信号**（causal signal）という．この条件を満たさない信号を非因果性信号または反因果性信号（anti-causal signal）という．因果性という名称は，3 章で述べる因果性システムに由来する．後述するように，因果性システムのインパルス応答は，この性質を満たす．
(3) 右側信号 (図 1.3 (c))
ある時刻 t_0 より以前の時間でゼロ値となる信号，すなわち

$$x(t) = 0, \quad t < t_0 \tag{1.3}$$

を満たす信号を **右側信号** (right sided signal) という．逆に，ある時刻 t_0 以降の時間でゼロ値となる信号は，**左側信号** (left sided signal) という．このような制約を全く持たない信号を両側信号 (two-sided signal) といい，右側と左側の制約を同時に持つ信号は有限長信号 (finite-duration signal) という．
(4) 有限エネルギー信号 (図 1.3 (d))
信号 $x(t)$ のエネルギーは，$x(t)$ の絶対値の 2 乗信号の面積として求められる．

したがって，$x(t)$ が

$$E = \int_{-\infty}^{\infty} |x(t)|^2 dt < \infty \tag{1.4}$$

を満たすとき，**有限エネルギー信号**（finite energy signal）という．有限エネルギー信号は，t の無限大で $x(+\infty) = x(-\infty) = 0$ が成立するため，孤立波とも呼ばれる．

周期信号は有限エネルギー信号とはならない．そこで，周期信号の大きさを表現する尺度として，1 周期中のエネルギーの平均値

$$P_{av} = \frac{1}{T} \int_0^T |x(t)|^2 dt \tag{1.5}$$

である**平均パワー**（average power）が，用いられる．ここで，T は $x(t)$ の周期である．

(5) 連続時間信号

すべての実数値 t で $x(t)$ が定義されるとき，$x(t)$ を**連続時間信号**(continuous-time signal) という．一方，離散的な時刻のみで信号値が定義されるとき，その信号を離散時間信号 (discrete-time signal) という．次章で詳細に述べるように，アナログ信号は連続時間信号の 1 つであり，ディジタル信号は離散時間信号の 1 つである．信号の離散と連続に基づく分類は，2 章においてさらに詳細に説明される．

1.3 信号の基本演算

信号処理を実行する種々の場面において，信号に演算が施される．

(1) 時間反転 (図 1.4)

信号 $x(t)$ の時間を反転して，

$$y(t) = x(-t) \tag{1.6}$$

を新たに定義する．この処理を時間反転という．時間反転は，音声を例にすれば，音声波形を逆向きに再生することに相当する．また

$$x(t) = x(-t) \tag{1.7}$$

が成立するとき，t に関して偶関数，一方

$$x(t) = -x(-t) \tag{1.8}$$

が成立するとき，t に関して奇関数という．

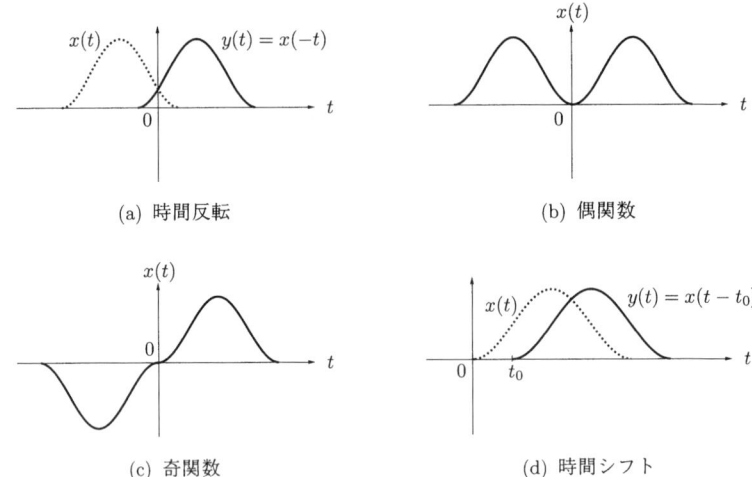

図 **1.4** 時間反転とシフト

(2) 時間シフト (図 1.4)

信号 $x(t)$ に対して，時間原点を t_0 だけシフトすることは，

$$y(t) = x(t - t_0) \tag{1.9}$$

と記述される．$t_0 > 0$ のとき，このシフトは，時間 t_0 だけ信号を遅らせる操作に相当する．

(3) 加算と乗算 (図 1.5)

ある定数 a と信号 $x(t)$ の乗算は，

$$y(t) = ax(t) \tag{1.10}$$

と与えられる．これは，信号の強さを調整する意味がある．2 つの信号 $x_1(t)$ と $x_2(t)$ の加算と乗算 (信号積) は，それぞれ

$$y(t) = x_1(t) + x_2(t) \tag{1.11}$$

$$y(t) = x_1(t) x_2(t) \tag{1.12}$$

と記述される．複数の信号を合成することにより，新たな信号を容易に生成できることがわかる．

(4) 時間伸張（スケール変換） (図 1.6)

実数 c を用いて時間スケールを c 倍する．すなわち，

$$y(t) = x(ct) \tag{1.13}$$

1.3　信号の基本演算

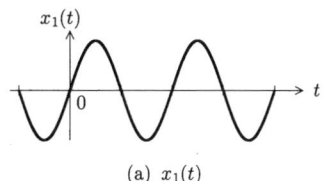

(a) $x_1(t)$

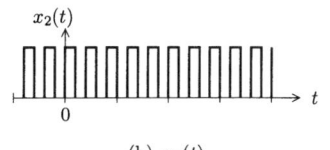

(b) $x_2(t)$

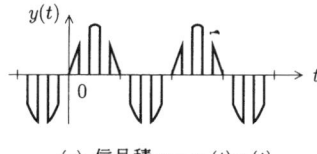

(c) 信号積 $y = x_1(t)x_2(t)$

図 1.5　信号積

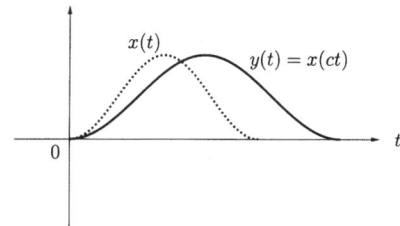

図 1.6　時間伸張

を施す．この処理を時間伸張という．$|c| > 1$ のとき，元の波形は縮小され，$|c| < 1$ のとき，拡大される．

【例題 1.1】　図 1.7 (a) の信号 $x_1(t)$, $x_2(t)$ を参照し，以下の信号 $y(t)$ をそれぞれ図にせよ．

(a) $y(t) = x_1(-t + 1)$

(b) $y(t) = 2x_1(t) + x_2(t)$

(c) $y(t) = x_1(t/2)$

【解答】　図 1.7 参照

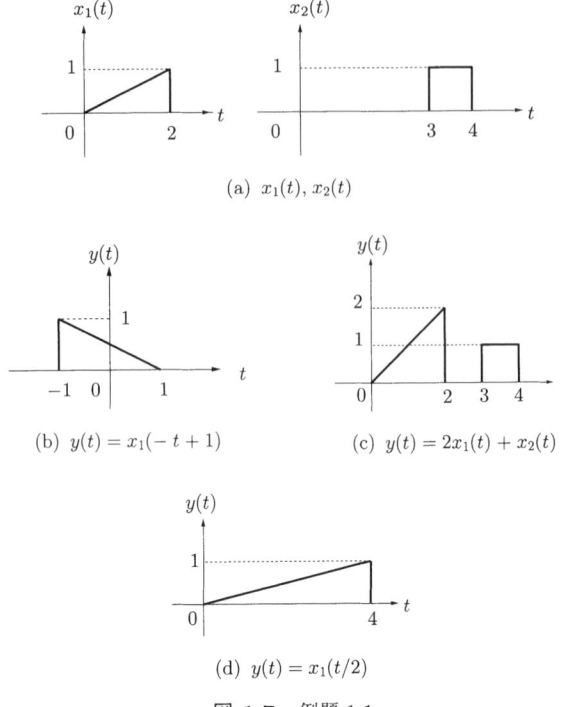

図 **1.7** 例題 1.1

1.4 本書の構成

　本書を効果的に読み進んで頂くために，各章の構成と関係を要約しておこう．本書の内容は，以下の 3 つに大別される．

　　□ 信号の表現（1 章，2 章）
　　□ 信号処理システム（3 章〜6 章，10 章）
　　□ 信号の解析（7 章，8 章，9 章）

上記の各内容は，次のように，基本的事項と少し発展的な事項にさらに分類される．

　1. 基本的事項

　　　□ 信号の表現（1 章，2 章）

□ 信号処理システム（3 章, 4 章, 5 章）

□ 信号の解析（7 章, 8 章）

2. 発展的事項

□ 信号処理システム（6 章, 10 章）

□ 信号の解析（9 章）

　したがって，信号処理の学習に十分な時間が確保できない，あるいはまずは信号処理の概要を学びたいという方は，基本的内容を選び学習することをお勧めする．一方，すでに信号処理やフーリエ解析に関する知識がある方は，発展的内容も含め学習して頂ければ幸いである．

　各章毎に演習問題を用意している．学習をより確実にするためにも，ぜひ多くの問題にチャレンジして頂きたい．また章末において，補助的な内容やより厳密な表現をコラムとして追記している．

演 習 問 題

(1) 以下の条件を満たす連続時間信号の信号波形例を図示せよ．
　(a) 因果性信号かつ有限エネルギー信号
　(b) 非因果性信号かつ右側信号
　(c) 非因果性信号かつ無限エネルギー信号

(2) 図 1.7 の信号 $x_1(t)$, $x_2(t)$ を参照し，以下の信号 $y(t)$ をそれぞれ図示せよ．
　(a) $y(t) = x_1(t-1)$
　(b) $y(t) = x_1(t) - x_2(t)$
　(c) $y(t) = 2x_1(2t)$

(3) 身の回りでアナログの技術がディジタル信号処理の技術に置き換わった例を探し，その理由を考察せよ．

2 ディジタル信号

自然界に存在する情報は，まずアナログ信号として観測される．したがって，ディジタル回路やコンピュータにより信号を処理するためには，その信号をディジタル信号に変換する必要がある．本章では，このディジタル信号の生成法とその表現法について述べる．

2.1 信号のサンプリング

時間の離散化処理であるサンプリングから考えよう．まず準備として，正弦波の説明から始める．

2.1.1 正弦波信号

図 2.1 の周期信号 $x(t)$ を考えよう．この信号は

$$x(t) = A\sin(\Omega t + \theta) \tag{2.1}$$

と表現され，正弦波信号 (sinusoidal signal) と呼ばれる．ただし，t は秒 (second,

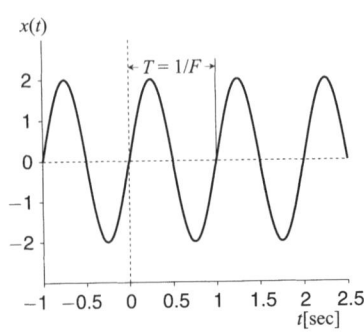

図 2.1 正弦波信号 $x(t) = 2\sin(2\pi t)$

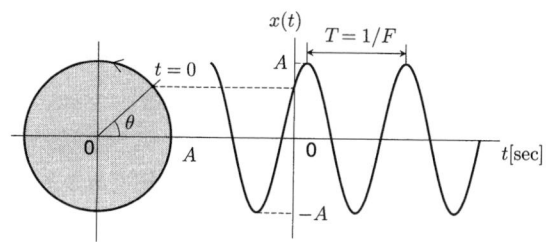

図 **2.2** 正弦波信号 $x(t) = A\sin(\Omega t + \theta)$

sec と略記) を単位とする時間であり，Ω(オメガ)[1]は角周波数であり，

$$\Omega = 2\pi F \text{ [rad/sec]} \tag{2.2}$$
$$F = 1/T \text{ [Hz]} \tag{2.3}$$

の関係にある．ここで，T は正弦波の**周期**，$F = 1/T$ は**周波数**であり単位は Hz(ヘルツ) である．ラジアン (radian, rad と略記) は角度の単位で，360 度が 2π[rad]，180 度が π[rad] である．A は**大きさ** (あるいは振幅) であり，θ(シータ) は**初期位相**と呼ばれ，ラジアンを単位とする．

図 2.1 の信号は，式 (2.1) において，$A = 2$，$F = 1$[Hz]，$\theta = 0$[rad] と選んだ場合に相当する．すなわち，$x(t) = 2\sin(2\pi t)$ である．図 2.2 に示すように，この $x(t)$ は，半径 $A = 2$ の円の円周上を，$t = 0$ で $\theta = 0$ となる点から反時計方向に，1 秒間に円を 1 周する速さで移動する点が描く波形となる．

この正弦波信号 $x(t)$ は実数値をとる．一方，次式より定義される複素正弦波信号も重要である．

$$Ae^{j(\Omega t + \theta)} = A\cos(\Omega t + \theta) + jA\sin(\Omega t + \theta) \tag{2.4}$$

ただし，

$$j = \sqrt{-1} \tag{2.5}$$

である．式 (2.4) の右辺と左辺の関係はオイラーの公式と呼ばれる．複素数の表現や演算に不慣れな読者はコラム A を参照してほしい．

【**例題 2.1**】 図 2.1 の信号 $x(t) = 2\sin(2\pi t)$ を余弦波 (cos) を用いて表せ．

【解答】 $x(t) = 2\cos(2\pi t - \pi/2)$ と表される．正弦波と余弦波の違いは初期位相の違いと解釈できる．したがって，本書では混乱のない限り両者を特に区別せずに，正弦波信号と呼ぶ． □

---

[1] 本書では，2.2 で説明する正規化表現で小文字を使用するため，ここでは大文字を使用する．

2.1.2 サンプリング

(1) アナログ信号

図 2.1 の正弦波信号 $x(t)$ を再び考えよう．この信号は任意の時刻 t で信号値 $x(t)$ が定義され，その大きさは，一般に実数値をとり，無限種類の可能性がある．このような信号は，時間的に連続でかつ大きさも連続であると言われ，**アナログ信号**(analog signal) と呼ばれる．

したがって，アナログ信号をディジタル信号に変換するためには，時間の離散化と大きさの離散化という処理が必要となる．まず，時間の離散化から考えよう．

(2) 離散時間信号

次に図 2.3 (a) に示すように，信号の値を離散的な時間で抜き出す操作を考えよう．このような操作を時間の**サンプリング**(sampling, 標本化)，抜き出された信号の値を**サンプル値**(sampled value) という．アナログ信号をディジタル信号に変換する際に，まず最初に，このサンプリングの操作が必要となる．

サンプリングの操作は，図 2.3 (a) に示すように，一般に一定の時間間隔 T_s で行われる．この時間間隔 T_s を，**サンプリング周期**(sampling period) または**サンプリング間隔**という．また，その逆数を用いて表現される

$$F_s = 1/T_s \tag{2.6}$$

$$\Omega_s = 2\pi F_s \tag{2.7}$$

を，それぞれ**サンプリング周波数**(sampling frequency)，**サンプリング角周波数**(sampling angular-frequency) という．サンプリングの際に F_s をどのような

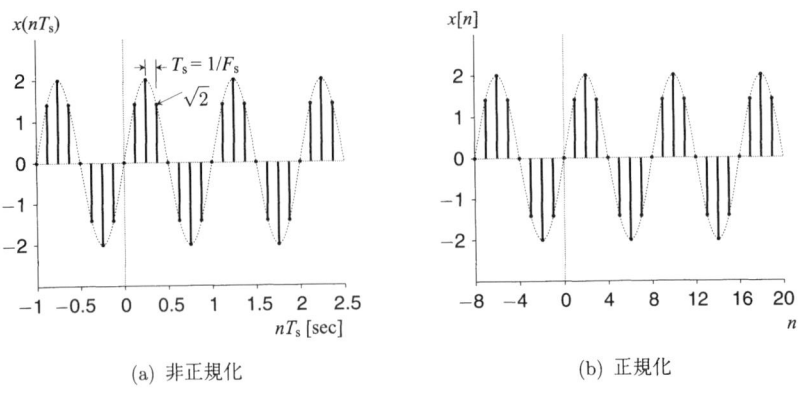

(a) 非正規化 (b) 正規化

図 **2.3** サンプル値信号

値に選ぶか，つまりどのような細かさで，信号をサンプリングするかという問題は，非常に重要な問題であり，後の章でさらに検討される．

図 2.3 (a) の正弦波信号は，式 (2.1) に $t = nT_s$ (n:整数) を代入すると，
$$x(nT_s) = A\sin(\Omega nT_s) \tag{2.8}$$
と与えられる．この信号は，サンプリング間隔 T_s の整数倍の時刻のみで信号値が定義されており，それ以外の時刻では値は未定義となる．すなわち，サンプリングは時間の離散化処理である．アナログ信号に対して時間の離散化処理を施された信号は，サンプル値信号 (sampled signal) または離散時間信号 (discrete-time signal) と呼ばれる．

【例題 2.2】 $F = 1[\text{kHz}]$ の正弦波信号に対して 1 周期 T を 4 等分するような間隔でサンプリングを施す．サンプリング周波数を求めよ．

【解答】 $T_s = T/4 = 1/4F = 10^{-3}/4$ から，$F_s = 1/T_s = 4[\text{kHz}]$． □

【例題 2.3】 周波数 $F = 1[\text{Hz}]$, $F' = 5[\text{Hz}]$ の正弦波を，それぞれサンプリング周波数 $F_s = 4[\text{Hz}]$ でサンプリングする．その結果得られる離散時間信号を図示せよ．

【解答】 図 2.4 を得る．元の正弦波が異なっていても，サンプリングにより得られる信号が同じになることに注意してほしい．例題 2.4 ではこのようにサンプル値が一致する条件を検討している． □

【例題 2.4】 周波数 F の正弦波信号 $x(t) = \cos(2\pi Ft)$ と，周波数 $F' = F + kF_s$ (k:整数) の正弦波信号 $x'(t) = \cos(2\pi F't)$ をそれぞれ周波数 F_s でサンプリングする．このとき，両者のサンプル値が一致することを示せ．

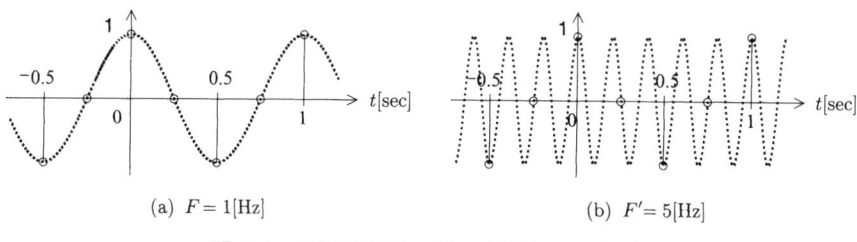

(a) $F = 1[\text{Hz}]$　　　　　　　　　(b) $F' = 5[\text{Hz}]$

図 2.4　正弦波のサンプリング例 ($F_s = 4[\text{Hz}]$)

【解答】 $x(t)$ と $x'(t)$ にそれぞれ $t = nT_s = n/F_s$ を代入すると，$x'(nT_s) = \sin(2\pi(F + kF_s)nT_s) = \sin(2\pi(FnT_s + nk)) = \sin(2\pi FnT_s) = x(nT_s)$ を得る．例題 2.3 はこの場合の一例である (ただし，例題 2.3 では cos 関数である)． □

【例題 2.5】 コンパクトディスク (CD) では，オーディオ信号をディジタル信号に変換する際，$F_s = 44.1[\text{kHz}]$ のサンプリング周波数を用いている．サンプリング周期 T_s を求めよ．

【解答】 式 (2.6) から，$T_s = 1/F_s \simeq 22.676 \times 10^{-6}[\text{sec}]$ と求まる． □

2.2 信号の正規化表現

しばしばサンプリング間隔 T_s を直接意識せずに，離散時間信号を扱いたい場合がある．そのような場合は，正規化された信号表現が用いられる．例えば，式 (2.8) の $x(nT_s)$ に対応する正規化表現 $x[n]$ は，

$$x[n] = A\sin(\omega n)$$
$$= A\sin(2\pi fn) \tag{2.9}$$

となる．ここで，

$$\omega = \Omega T_s = \Omega/F_s \tag{2.10}$$
$$f = \omega/2\pi = F/F_s \tag{2.11}$$

であり，小文字で定義された ω および f を，それぞれ**正規化角周波数**(normalized angle)，**正規化周波数** (normalized frequency) と呼ぶ．これらは，非正規化周波数 (F, Ω) を F_s で割ったもの，または $T_s = 1$ と置いた場合の非正規化周波数 (または絶対周波数) に相当する．同様に $x[n]$ は，nT_s を T_s で割った，または $T_s = 1$ と置いた $x(nT_s)$ と解釈することができる．ここで，正規化された信号に対して大括弧，ブラケット $[\cdot]$ を用いていることに注意してほしい．

図 2.3 (b) は，正規化表現された $x[n]$ を図示したものである．横軸が秒 [sec] ではなく，整数 n となる．以上のような正規化表現は，サンプリング周波数 F_s が既知であれば，容易に非正規化表現にもどすことができる．図 2.5 は，以上の正弦波信号の関係をまとめたものである．

図 2.6 にディジタルシステムの周波数特性 (詳細は 5 章参照) の例を示す．横軸の周波数の表現に着目してほしい．ディジタル信号処理では，角周波数 Ω ある

2.2 信号の正規化表現

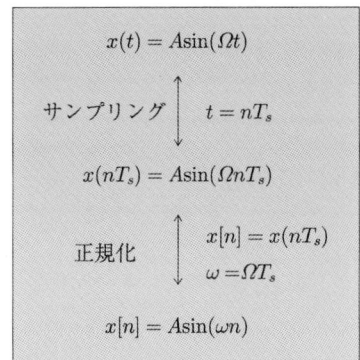

図 2.5 信号の正規化表現

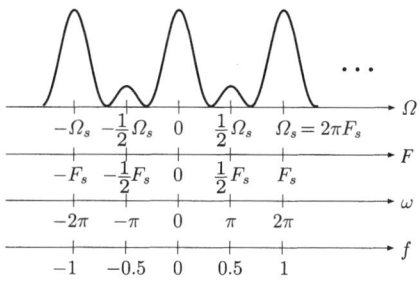

図 2.6 周波数特性の表示例

いは周波数 F を横軸に取る以外にも，このように正規化表現である ω, f という選択の自由度がある．

【例題 2.6】 以下の周波数 F を正規化周波数，正規化角周波数にそれぞれ直せ．ただし，サンプリング周波数を $F_s = 20[\mathrm{kHz}]$ とする．

(a) $F = 10[\mathrm{kHz}]$, (b) $F = 5[\mathrm{kHz}]$

【解答】 式 (2.10) および式 (2.11) から，以下の結果を得る．
(a) $f = 0.5, \omega = \pi$, (b) $f = 0.25, \omega = \pi/2$ □

【例題 2.7】 $F = 1[\mathrm{Hz}]$ の正弦波 $x(t) = \cos(2\pi t)$ を $F_s = 4[\mathrm{Hz}]$ でサンプリングする．離散時間信号の正規化表現と非正規化表現を示せ．

【解答】 $t = nT_s = n/F_s$ を代入すると，非正規化表現 $x(nT_s) = \cos(2\pi nT_s)$ より，$x(0.25n) = \cos(\pi n/2)$ を得る．正規化表現 $x[n] = \cos(\omega n)$ より，$x[n] = \cos(\pi n/2)$ となる．$\omega = \pi/2$, $f = 1/4$ に注意する． □

2.3 信号の量子化と符号化

ここまでは，時間の離散化，サンプリングに関する話題であった．次に，信号の大きさの離散化について考えよう．

2.3.1 信号の量子化

(1) 量子化

図 2.7 の信号 $x(t)$ は，最大値 x_{max} から最小値 x_{min} の範囲で無限種類の値を取ることができる．このような信号を，大きさが連続であるという．一方，大きさが離散とは，大きさの値の種類が有限あることである．大きさを有限な桁のビット数，例えば $l = 2$ ビットで表すとすれば，$2^l = 4$ 種類の値で信号値を表現する必要が生じる．このような有限な個数の値で信号値を代表させる操作を**量子化** (quantization) という．

いま，$x(t)$ の各サンプル値 $x(nT_s)$ を L 個の代表値 $\hat{x}_i, i = 1, 2, \cdots, L$ に代表させる操作を考えよう．まず，領域 (x_{max}, x_{min}) を L 個の領域 $R_i, i = 1, 2, \cdots, L$ に分割する．いま，等間隔に分割することを仮定すると，各領域の幅 Δ(デルタ) は，信号の**ダイナミックレンジ** $(x_{max} - x_{min})$ を用いて，

$$\Delta = (x_{max} - x_{min})/L \tag{2.12}$$

と与えられる．すべての $x(t)$ の値は，領域 R_i の何れかに含まれる．次に，領域

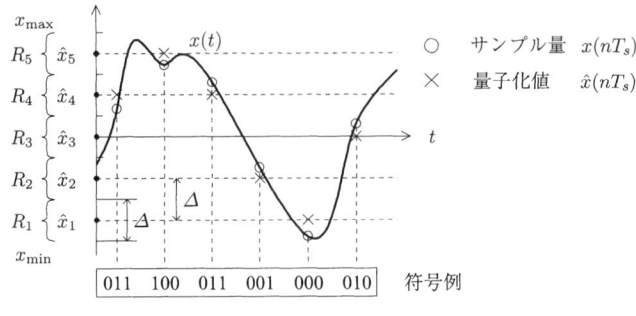

図 **2.7** 量子化の説明

R_i 毎に代表値 $\hat{x}_i$ を設定する．ある時刻での値 $x(nT_s)$ が

$$x(nT_s) \in R_i \tag{2.13}$$

のように領域 R_i に含まれる場合，それに R_i の代表値 $\hat{x}_i$ を対応させる．すなわち

$$\hat{x}(nT_s) = Q[x(nT_s)] \tag{2.14}$$
$$= \hat{x}_i \tag{2.15}$$

とし，新たな時間信号 $\hat{x}(nT_s)$ を生成する．このような操作が量子化である．ここで，$Q[\cdot]$ を**量子化関数**，$\hat{x}(nTs)$ を**量子化値**と呼ぶ．また，代表値の個数 L を**量子化レベル** (quantization level) という．

(2) 量子化誤差

多くの場合，代表値 $\hat{x}_i$ は領域 R_i の値の中から選ばれる．しかし，一般に $\hat{x}(nT_s) = x(nT_s)$ は成立しない．このときの誤差

$$e = x(nT_s) - \hat{x}(nT_s) \tag{2.16}$$

を**量子化誤差** (quantization error) または**量子化雑音**という．図 2.8 は，量子化関数の特性を例示したものである．この条件では，量子化ステップ幅 (階段状のステップ幅) は先の Δ と一致する．また図のように，すべてのステップ幅が一様な量子化を，**一様量子化** (uniform quatization) または**線形量子化**(linear quantization) という．図 2.7 では，代表値 $\hat{x}_i$ を領域 R_i の中間値に選んでおり，$\Delta = \hat{x}_i - \hat{x}_{i-1}$ が成立する．図 2.8 はその場合の特性であり，量子化誤差は

$$-\Delta/2 \le e < \Delta/2 \tag{2.17}$$

の範囲に入ることがわかる．

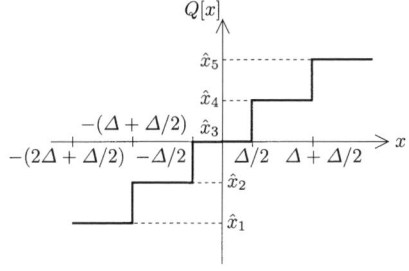

図 **2.8** 量子化関数 $Q[x] = \text{round}[x/\Delta] \cdot \Delta$，四捨五入

(3) 量子化関数

図 2.3 の正弦波信号を例にして，量子化と量子化関数の関係を具体的に説明する．いま，領域 $(x_{max}, x_{min}) = (2.5, -2.5)$ を仮定し，5 個の代表値 $\hat{x}_i, i = 1, 2, \cdots, 5$ を用いてサンプル値を量子化する問題を考える．

代表値の個数 5 から，領域を $L = 5$ 個に分割すると，各領域の幅は，式 (2.12) より $\Delta = 1$ となる．量子化関数 $Q[x]$ の特性を図 2.8 と仮定する．すなわち，代表値 $\hat{x}_i$ を各領域 R_i の中央値に選ぶとすると，$Q[x]$ は，量子化ステップ $\Delta = 1$ を用いて次式を計算することに相当する．

$$\hat{x}(nT_s) = Q[x(nT_s)] \tag{2.18}$$
$$= s(nT_s) \cdot \Delta \tag{2.19}$$

ただし，

$$s(nT_s) = \text{round}[x(nT_s)/\Delta] \tag{2.20}$$

である．ここで，round$[x]$ は値 x を小数点以下第 1 位で四捨五入する操作を意味し，例えば round$[4.2] = 4$ となる．

表 2.1 に上記の手順により求められた結果をまとめている．この表には，同様の手順により求めた，$\Delta = 0.5$ ($L = 10$) の場合の結果も示す．表の結果から，以下のことがわかる．

- 量子化値 $\hat{x}(nT_s)$ が実数の場合も，$s(nT_s)$ は整数となる．
- 量子化ステップ Δ が小さいほど，量子化誤差 e は小さくなるが，$s(nT_s)$ を表現するためのビット数（2 進数の桁数）は増える．

表 **2.1** 量子化ステップ Δ とディジタル信号

	サンプル値	$\Delta = 1$			$\Delta = 0.5$		
n	$x(nT_s)$	$\hat{x}(nT_s)$	$s(nT_s)$	符号	$\hat{x}(nT_s)$	$s(nT_s)$	符号
0	0	0	0	000	0	0	0000
1	$\sqrt{2}$	1	1	001	1.5	3	0011
2	2	2	2	010	2	4	0100
3	$\sqrt{2}$	1	1	001	1.5	3	0011
4	0	0	0	000	0	0	0000
5	$-\sqrt{2}$	-1	-1	101	-1.5	-3	1011
6	-2	-2	-2	110	-2	-4	1100
7	$-\sqrt{2}$	-1	-1	101	-1.5	-3	1011

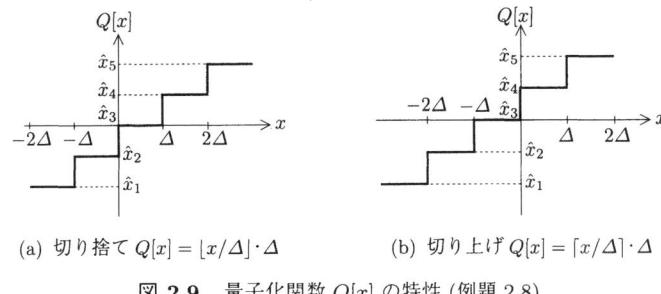

(a) 切り捨て $Q[x] = \lfloor x/\Delta \rfloor \cdot \Delta$ (b) 切り上げ $Q[x] = \lceil x/\Delta \rceil \cdot \Delta$

図 **2.9** 量子化関数 $Q[x]$ の特性 (例題 2.8)

- 整数値 $s(nT_s)$ の情報と Δ により，量子化値 $\hat{x}(nT_s)$ を表現可能である．
- Δ はすべての時刻で共通であり，$s(nT_s)$ は $\hat{x}(nT_s)$ の相対的大きさの情報をすべて持っている．

【例題 2.8】 量子化関数を，

$$\hat{x}(nT_s) = Q[x(nT_s)]$$
$$= \lfloor x(nT_s)/\Delta \rfloor \cdot \Delta \qquad (2.21)$$

とする．ここで，$\lfloor x \rfloor$ は x を超えない最大の整数を意味し，小数点以下第 1 位での切り捨て操作に対応する．この場合の，量子化関数 $Q[x]$ の特性を図示し，量子化誤差の誤差範囲を示せ．

【解答】 図 2.9 (a) 参照．この場合の誤差は $0 \leq e < \Delta$ の範囲となる．**参考までに図 2.9 (b) に切り上げの場合の特性を示す．誤差の範囲は，$-\Delta < e \leq 0$ となる．** □

2.3.2 量子化値の符号化

量子化値 $\hat{x}(nT_s)$ を有限桁の 2 進数で表現する問題を考えよう．この操作は量子化レベル L で量子化された信号値を，1 対 1 の関係にあるインデックス n_i，$i = 1, 2, \ldots, L$ に対応づける操作であり，図 2.10 に示すように，しばしば符号化と呼ばれる．

特に，"0" と "1" の 2 値のビット列 (符号) に対応づける符号化は，PCM 符号化 (パルス符号変調，pulse-code modulation, 厳密には binary PCM) と呼ばれる．図 2.7 を再び着目しよう．この例は $L = 5$ であり，5 種類，$5 \leq 2^l$ より，$l = 3$ ビットの符号が各代表値と 1 対 1 に対応している．量子化値と 1 対

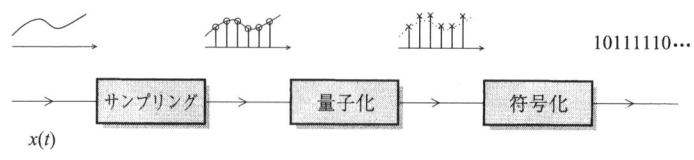

図 2.10 量子化と符号化

1 に対応すれば，これ以外の形式の符号表現を選択してもよい．例えば，整数値 $s(nT_s)$（式 (2.20)）もその選択の 1 つである（表 2.1 参照）．

量子化は，信号に誤差を発生させる処理である．代表値の個数を増やすことにより，小さな Δ を選択可能となり，量子化誤差を低減することができる．しかし，代表値を表現するためのビット数は増えてしまう．このビット数の増加は，サンプル値の保存のための記憶容量や処理負担を増加させてしまう．

アナログ信号は，以上のようなサンプリング，量子化および符号化処理により，2 値のビット列として表現され，種々のディジタル処理が適用可能となる．本書では，混乱のない限り量子化と符号化は特に区別せずに，量子化という表現に符号化も含めて話題を展開する．

【例題 2.9】 信号のダイナミックレンジ $x_{max} - x_{min} = 10$ の信号を量子化誤差の大きさ 1/4 以内で量子化したい．量子化値を符号化するには，何ビット必要か．

【解答】 量子化誤差が少ない四捨五入を選択すると，量子化誤差の範囲は，$-\Delta/2 \leq e < \Delta/2$ となる．ゆえに $\Delta = 1/2$ を選択する．次に，式 (2.12) より，$L = 10/\Delta = 20$（代表値の個数）となり，$L = 20 \leq 2^l$ より，$l = 5$ ビットとなる．ただし，四捨五入以外の量子化特性を仮定すると，異なるビット数が必要となる可能性がある． □

2.4 アナログ信号とディジタル信号

信号のサンプリングと量子化について述べた．これらの操作は，それぞれ連続的な時間で定義された信号を離散的な時間で定義される信号に，連続的な値を持つ信号を離散的な値を持つ信号に置き換える操作，ということができる．

表 2.2 信号の分類

		大きさ	
		連続	離散
時間	連続	アナログ信号	多値信号
		連続時間信号	
	離散	サンプル値信号	ディジタル信号
		離散時間信号	

このような時間と大きさの連続性に着目し，表 2.2 のように信号を分類しよう．以下にその重要な結論をまとめる．

- □ アナログ信号：時間と大きさがともに連続な信号
- □ ディジタル信号：時間と大きさがともに離散な信号
- □ サンプル値信号：時間が離散で，大きさが連続な信号
- □ 離散時間信号：時間が離散的な信号

時間と大きさの離散化処理は独立な操作であり，どちらかのみが離散的な信号が存在することに注意してほしい．**離散時間信号** (discrete-time signal) とは，サンプル値信号とディジタル信号の両方を含む総称である．同様に，**連続時間信号** (continuance-time signal) は，アナログ信号と多値信号の両方を含む表現である．

本書の以降では，多くの場合，ディジタル信号とサンプル値信号を区別せずに話題を進める．したがって，離散時間信号という表現をしばしば使用する．

2.5 代表的な離散時間信号

種々の信号処理法を具体的に考える前に，準備として，本書でしばしば使用される離散時間信号とその性質をまとめる．

2.5.1 代表的な信号例

以下の信号表現は，2.2 で述べた正規化表現であることに注意してほしい．

(1) 正弦波信号

$$\sin(\omega n), \quad \text{または} \quad \cos(\omega n) \tag{2.22}$$

ω は正規化角周波数である．前項で述べたように $\omega = \Omega T_s$ の関係から，アナログ正弦波信号をサンプリング周期 T_s でサンプリングしたものと考えてもよい．

(2) 複素正弦波信号

$$e^{j\omega n} = \cos(\omega n) + j\sin(\omega n), \quad j = \sqrt{-1} \tag{2.23}$$

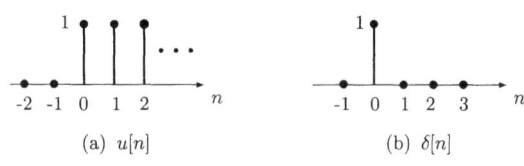

図 2.11　信号例

この信号は複素数である．上式の右辺と左辺の関係はオイラーの公式と呼ばれる（例題 2.10 参照）．

(3) 単位ステップ信号 $u[n]$　（図 2.11 (a)）

$$u[n] = \begin{cases} 1, & n \geq 0 \\ 0, & n < 0 \end{cases} \tag{2.24}$$

(4) 単位サンプル信号（インパルス） $\delta[n]$　（図 2.11 (b)）

$$\delta[n] = \begin{cases} 1, & n = 0 \\ 0, & n \neq 0 \end{cases} \tag{2.25}$$

ここで，δ はギリシャ文字のデルタである．この離散時間のデルタ関数 $\delta[n]$ は，クロネッカ (kroneker) のデルタとも呼ばれ，信号処理を学ぶ際にきわめて重要な役割を果たす．本書では，特に混乱のない限り，単にインパルスと呼ぶことにする．次にこのインパルスの性質について説明する．

【例題 2.10】 $\cos(\omega n)$, $\sin(\omega n)$ をそれぞれ複素正弦波信号 $e^{j\omega n}$ を用いて表せ．

【解答】 $\cos(\omega n) = (e^{j\omega n} + e^{-j\omega n})/2$, $\sin(\omega n) = (e^{j\omega n} - e^{-j\omega n})/2j$，この関係は，$e^{-j\omega n} = \cos(\omega n) - j\sin(\omega n)$ と式 (2.23) を右辺に代入すれば，容易に導出される（コラム A 参照）．　□

2.5.2　インパルスの性質

式 (2.25) のインパルス $\delta[n]$ を再び考えよう．この信号は，$\delta[n-2]$ と表現したとき，図 2.12(a) の信号が対応する．つまり，インパルスの定義から，

$$\delta[n-2] = \begin{cases} 1, & n = 2 \\ 0, & n \neq 2 \end{cases} \tag{2.26}$$

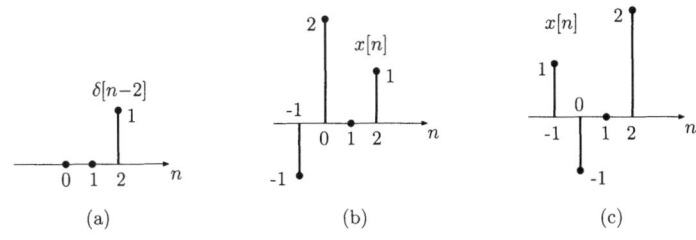

図 2.12　インパルス $\delta[n]$ の性質

のように括弧内の値が 0 となる n でのみ，値 1 をとる信号である．したがって，信号 $x[n]$ を

$$x[n] = x[-1]\delta[n+1] + x[0]\delta[n] + x[2]\delta[n-2]$$
$$= -\delta[n+1] + 2\delta[n] + \delta[n-2] \tag{2.27}$$

と表現すると，同図 (b) の信号を表現したことになる．以上の例からわかるように，任意の信号 $x[n]$ を，インパルス $\delta[n]$ の時間 n をシフトし，大きさの重みをつけて，たし合わせることにより，表現することができる．このことを，一般的に表現すると，

$$x[n] = \sum_{k=-\infty}^{\infty} x[k]\delta[n-k], \quad x[n]\text{:任意の信号} \tag{2.28}$$

となる．ここで，式 (2.27) は，3 つの信号値 $(x[-1], x[0], x[2])$ 以外はゼロ値となる式 (2.28) の特殊な場合であることがわかる．

任意の信号 $x[n]$ を表現できるというインパルスのこのような性質は，後の説明を理解するのに重要な役割を果たす．

【例題 2.11】　図 2.12 (c) の信号 $x[n]$ をインパルスを用いて表現せよ．

【解答】　$x[n] = \delta[n+1] - \delta[n] + 2\delta[n-2]$ となる．　□

【例題 2.12】　式 (2.24) の単位ステップ信号 $u[n]$ をインパルスを用いて表現せよ．

【解答】　次式となる．

$$u[n] = \sum_{k=0}^{\infty} \delta[n-k] = \sum_{k=-\infty}^{n} \delta[k]$$

□

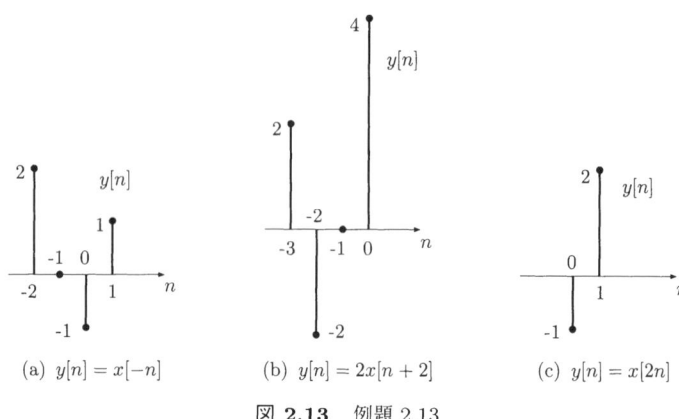

図 2.13　例題 2.13

【例題 2.13】　図 2.12 (c) の信号 $x[n]$ に次の演算処理を施す．その各結果を図示せよ．

(a) $y[n] = x[-n]$
(b) $y[n] = 2x[n+2]$
(c) $y[n] = x[2n]$

【解答】　図 2.13 参照．これらの演算は，1.3 で述べた演算の離散時間の場合に相当する．　□

2.6　信号の処理手順

図 2.14 は，ディジタル信号処理における標準的な処理手順を説明している．各処理手順の詳細は，後で述べるので，ここでは手順の概略を理解してほしい．

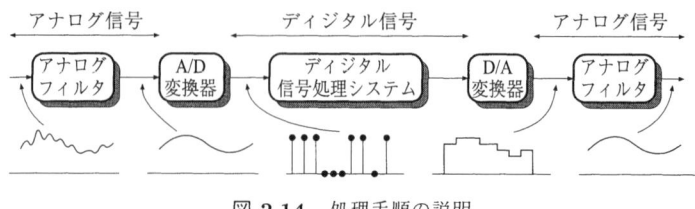

図 2.14　処理手順の説明

演習問題 25

1. アナログフィルタ(低域通過フィルタ)によって，アナログ信号の高周波成分を除去する(帯域制限する).
2. 帯域制限されたアナログ信号を，A/D(アナログ-ディジタル)変換器によりディジタル信号に変換する．具体的には，サンプリング(標本化)と量子化(符号化を含む)の処理が実行される．
3. ディジタル・システムによって，目的である信号処理を行う．
4. D/A(ディジタル-アナログ)変換器によって，アナログ信号に戻す．
5. アナログフィルタ(低域通過フィルタ)を用いて，信号を平滑化する．

MD(ミニディスク)やCD(コンパクトディスク)を例にすると，以上の手順は次のように説明される．

☐ マイクで収集されたアナログのオーディオ信号が，帯域制限された後に，ディジタル信号に変換される．

☐ ディジタル信号はディスクに記憶される．

☐ スピーカを鳴らすために，ディスクのディジタル信号をアナログ信号に再び戻し，平滑化する．

ディジタル信号を学ぶことは，以上の処理手順の必要性，各処理の具体的実行法を学ぶことである．

演 習 問 題

(1) 信号 $x(t) = 2\sin(100\pi t - \pi/4)$ の大きさ，周波数，角周波数，初期位相を示せ．
(2) 演習問題(1)の信号の1周期を10等分するようにサンプリングしたい．サンプリング周波数を求めよ．
(3) 信号 $x(t) = 2\sin(10\pi t)$ をサンプリング周波数 $F_s = 20$[Hz] でサンプリングする．
　(a) 生成された離散時間信号を図に示せ．
　(b) 生成された離散時間信号の数式を，正規化表現と非正規化表現でそれぞれ表せ．
(4) 以下の周波数，角周波数を正規化周波数，正規化角周波数に直せ．ただし，サンプリング周波数 $F_s = 10$[kHz] とする．
　(a) $F = 2$[kHz], 　(b) $F = 5$[kHz], 　(c) $\Omega = 1000\pi$[rad/sec]
(5) 以下の正規化周波数，正規化角周波数を，非正規化周波数，非正規化角周波数にそれぞれ直せ．ただし，サンプリング周波数 $F_s = 40$[kHz] とする．
　(a) $f = 0.25$, 　(b) $f = 2$, 　(c) $\omega = 0.5\pi$
(6) $F = 2$[kHz]の正弦波信号を $F_s = 40$[kHz] でサンプリングする．このサンプル値信号と同じサンプル値を与える正弦波の周波数 $F' \neq F$ を示せ．

(7) 以下の信号を時間 n を横軸にし，図示せよ．
  (a) $x[n] = -\delta[n+2] + 2\delta[n] + \delta[n-1] - \delta[n-2]$,
  (b) $x[n] = u[n] - u[n-2]$,
  (c) $x[n] = u[-n] + u[n+2]$

コラム A　複素数の表現と演算

複素数とは，
$$j = \sqrt{-1} \tag{A.1}$$
を含む数である．例えば，2次方程式
$$f(x) = x^2 + 1 \tag{A.2}$$
の根 x_i, $i = 1, 2$，すなわち $x^2 + 1 = 0$ となる x の値は
$$x^2 = -1 \tag{A.3}$$
を満たす必要があり，実数の根は存在しない．この場合の根は
$$\begin{aligned} x &= \pm\sqrt{-1} \\ &= \pm j \end{aligned} \tag{A.4}$$
と，複素数となる．

(1) 複素数の表現

複素数の種々の表現方法について述べる．いま，ある複素数 z を
$$z = a + jb \tag{A.5}$$
と表す．ここで，a および b は実数値であり，a を**実数部**，b を**虚数部**という．$a = 0$ の複素数を，特に**純虚数**という．このような複素数の表現を，**直交座標表現**という．

複素数は，複素平面上に図 A.1 のように図示することができる．横軸に実数部 a，縦軸に虚数部 b をとり，その交点に複素数 z を位置づける．

図からも明らかなように，複素数 z を原点からの距離 r と角度 θ を用いても表現可能である．このような表現形式を**極座標表現**(フェザー表示ともいう) という．極座標表現では，複素数を
$$z = re^{j\theta} \tag{A.6}$$

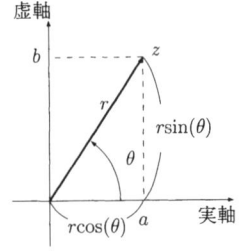

図 **A.1**　複素数 z の図表現

と表す．ただし，e は自然対数の底であり，$e = 2.71828\cdots$ という無理数である．直交座標，極座標および図表現は，同じ複素数 z を表しており，互いに表現の変換を行うことができる．

(2) 直交座標と極座標の変換

まず，式 (A.5) の直交座標表現を式 (A.6) の極座標表現の変換法を示す．図 A.1 からもわかるように，

$$r = \sqrt{a^2 + b^2} \tag{A.7}$$
$$\theta = \tan^{-1}(b/a) \tag{A.8}$$

と関係する．

逆に，極座標から直交座標への変換は

$$a = r\cos(\theta) \tag{A.9}$$
$$b = r\sin(\theta) \tag{A.10}$$

と与えられる．次のオイラーの公式は，これらの関係を直接与える．

$$e^{j\theta} = \cos(\theta) + j\sin(\theta) \tag{A.11}$$
$$\cos(\theta) = (e^{j\theta} + e^{-j\theta})/2 \tag{A.12}$$
$$\sin(\theta) = (e^{j\theta} - e^{-j\theta})/2j \tag{A.13}$$

例えば，$z = 1 - j$ は，$z = \sqrt{2}e^{-j\pi/4}$ である．

(3) 複素数の四則演算

複素数 $z_1 = a_1 + jb_1 = r_1 e^{j\theta_1}, z_2 = a_2 + jb_2 = r_2 e^{j\theta_2}$ を考える．このとき，この 2 つの複素数の加減算は

$$z_1 \pm z_2 = (a_1 \pm a_2) + j(b_1 \pm b_2) \tag{A.14}$$

と定義される．

また，乗算と除算は

$$z_1 \times z_2 = r_1 r_2 e^{j(\theta_1 + \theta_2)} \tag{A.15}$$
$$z_1/z_2 = (r_1/r_2) e^{j(\theta_1 - \theta_2)} \tag{A.16}$$

と定義される．

(4) 複素共役

複素数 z の虚数部の符号を反転した複素数 $\bar{z}$ を，z の複素共役 (complex conjugate) という．すなわち，$z = a + jb = re^{j\theta}$ と与えられたとき，

$$\begin{aligned}\bar{z} &= a - jb \\ &= re^{-j\theta}\end{aligned} \tag{A.17}$$

が成立する．また，両者の積は，式 (A.15) より，

$$z\bar{z} = r^2 = |z|^2 \tag{A.18}$$

となる．

コラム B　理想サンプリングと自然サンプリング

ここでは，アナログ信号に対する理想サンプリングという操作を紹介する．このサンプリングは，実現不可能であるが，理論的な考察の際に重要となる．

(1) 単位インパルス関数とインパルス列

いま，アナログ信号の単位インパルス関数またはディラック (Dirac) のデルタ関数と呼ばれる $\delta(t)$ をまず考える．この関数は，

$$\delta(t) = \begin{cases} \infty, & t = 0 \\ 0, & t \neq 0 \end{cases} \tag{B.1}$$

$$\int_{-\infty}^{\infty} \delta(t) dt = 1 \tag{B.2}$$

という性質を持ち，任意の関数 $x(t)$ に対して，

$$\int_{-\infty}^{\infty} x(t)\delta(t - t_0) dt = x(t_0) \tag{B.3}$$

を与える関数として定義される．ここで，t_0 は任意の実数値である．

面積 1 の関数に対して時間幅を無限小とすることにより，この条件を満たす関係を導くことができる．例えば，図 B.1(a) に示す面積 1 の関数 $p_a(t)$ の極限値

$$\delta(t) = \lim_{a \to 0} p_a(t) \tag{B.4}$$

が一例である (図 B.1(b) 参照)．

次に，この $\delta(t)$ を用いてインパルス列(impulse train)$\delta_{T_s}(t)$ を

$$\delta_{T_s}(t) = \sum_{n=-\infty}^{\infty} \delta(t - nT_s) \tag{B.5}$$

と定義する (図 B.2(a) 参照)．

$\delta(t)$ や $\delta_{T_s}(t)$ の値は無限大であり，大きさを図示することはできないが，矢印により略記される．また，これらの関数は，すべての時間で定義されており，連続時間信号であることに注意してほしい．

(2) 理想サンプリング

(a) $p_a(t)$　　　　　(b) $\delta(t)$

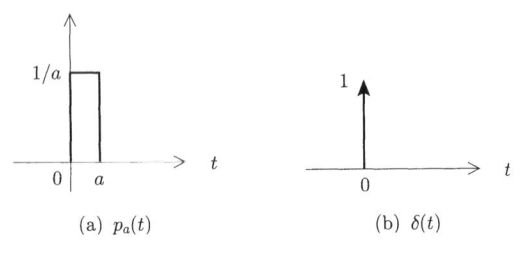

図 **B.1**　連続時間の単位インパルス関数

コラム B　理想サンプリングと自然サンプリング

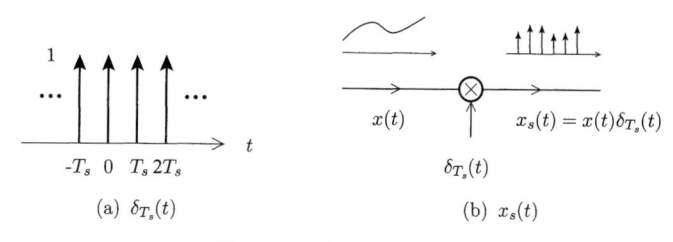

図 **B.2**　理想サンプリング

いま，信号 $x(t)$ に対して

$$\begin{aligned}
x_s(t) &= x(t)\delta_{T_s}(t) \\
&= x(t) \sum_{n=-\infty}^{\infty} \delta(t - nT_s) \\
&= \sum_{n=-\infty}^{\infty} x(nT_s)\delta(t - nT_s)
\end{aligned} \quad \text{(B.6)}$$

という操作を考えよう (図 B.2(b) 参照)．この操作を**理想サンプリング** (ideal sampling) という．各サンプル値 $x(nT_s)\delta(t - nT_s)$ において入力信号の情報は，$x(nT_s)$ であり，2 章で述べた操作では，この値をサンプル値として抜き出し，ディジタル信号に変換している．

(3) 自然サンプリング

理想サンプリングを，実際の装置で実行することはできない．しかし，信号の振る舞いを理論的に考察する際に重要となる．一方，式 (2.8) で与えられたサンプリングは，実用上有用である．式 (B.6) の理想サンプリングに対して，このようなサンプリングを，**自然サンプリング**[2] (natural sampling) と呼ぶことにする．

---

[2]　狭義の自然サンプリングは，大きさ 1 のパルス波形との信号積による操作を指す (図 1.5 参照)．本書では，サンプル値が無限大とならないサンプリング操作を，広義の意味で自然サンプリングと呼ぶ．

3 線形時不変システム

本章において,信号を処理するという概念が導入される.代表的な信号処理は,信号処理システムにより表現され実現される.ここで紹介するシステムは,線形時不変システムと呼ばれるもので,非常に多くの応用を持つ.4章以降の話題も,この線形時不変システムを例にして展開する.

3.1 信号処理システムとは

いま,信号処理システムを,入力信号 $x[n]$ を処理結果である出力信号 $y[n]$ に一意的に変換するもの,と定義しよう.まず最初に,例として信号の平均値を計算する簡単な信号処理システムを考える.

(1) 3点移動平均

離散時間信号 $x[n]$ に対して3点平均を次々に計算し,その値 $y[n]$ を出力するシステムを考える.このシステムの入力信号 $x[n]$ と出力信号 $y[n]$ の関係は

$$y[n] = \frac{1}{3}\{x[n] + x[n-1] + x[n-2]\} \tag{3.1}$$

と表現される.図3.1では,この処理を図的に説明している.例えば,

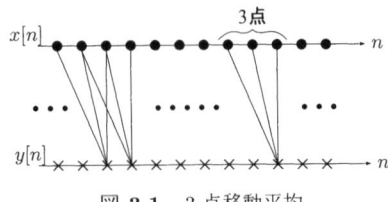

図 **3.1** 3点移動平均

$n = 0, 1, 2, \cdots$ を上式に代入すると,
$$\begin{cases} y[0] = \dfrac{1}{3}\{x[0] + x[-1] + x[-2]\} \\ y[1] = \dfrac{1}{3}\{x[1] + x[0] + x[-1]\} \\ \quad \vdots \end{cases} \tag{3.2}$$

となり,時刻 n を変えながら,平均値が次々に計算されるのがわかる.このような処理を 3 点移動平均と呼ぶ.

(2) 処理結果の検討

図 3.2 (a) は,それぞれ $F = 1[\text{Hz}]$ の正弦波を $F_s = 16[\text{Hz}]$ でサンプリングした信号である.これらの信号に対して上述の 3 点移動平均をほどこしたのが,同図 (b) である.また,同図 (c) は 9 点移動平均をほどこした結果である.両者とも,信号の大きさが変わり,位相がずれていることがわかる.

この例から,以下の疑問点が生じる.

- □ なぜ平均処理により信号の大きさが変わり,位相がずれるのか?
- □ 平均回数と,信号の大きさの変動と位相のずれとの関係は?

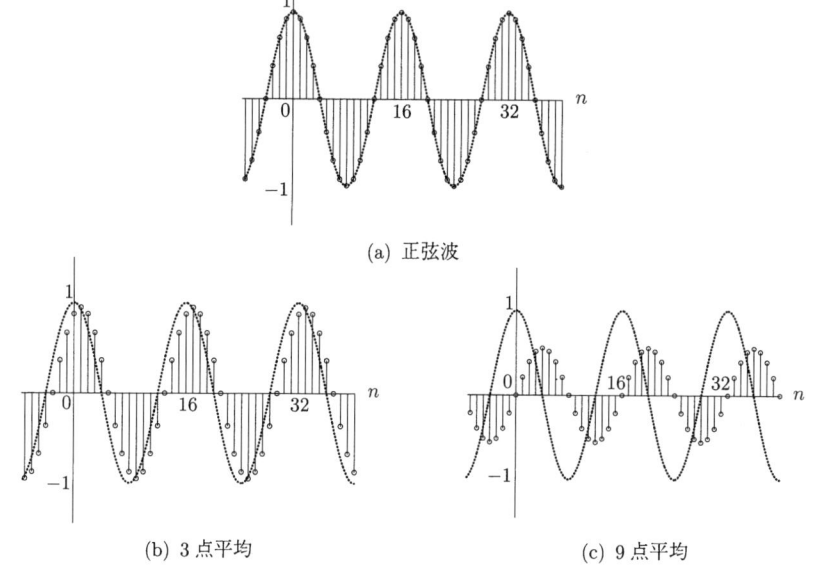

(a) 正弦波

(b) 3 点平均

(c) 9 点平均

図 **3.2** 正弦波の移動平均 ($F = 1[\text{Hz}]$, $F_s = 16[\text{Hz}]$)

(a) 雑音を含んだ正弦波

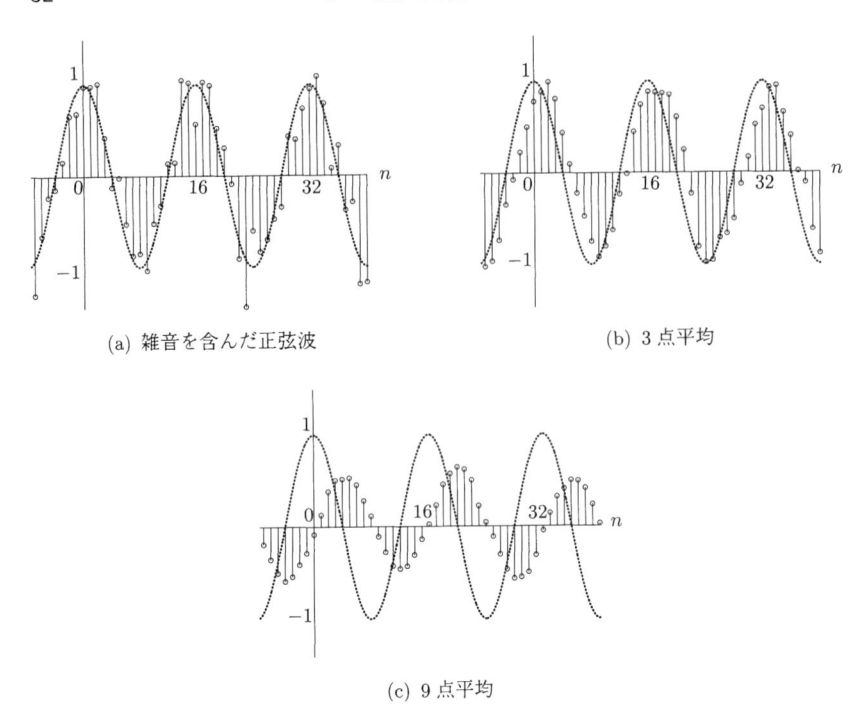

(b) 3 点平均

(c) 9 点平均

図 3.3　雑音を含む正弦波の移動平均処理 ($F = 1\text{[Hz]}$, $F_s = 16\text{[Hz]}$)

- □ 正弦波信号に対する移動平均処理の結果は，なぜ正弦波信号であり，なぜ処理前と同じ周波数なのか？

また，図 3.3 では，雑音を含んだ正弦波に対して移動平均処理を施した結果である．図 3.2 の場合と同様に，正弦波は大きさと位相のずれの影響を受ける．さらに，移動平均により雑音が軽減されていることがわかる．このことから，以下の疑問がさらに生じる．

- □ なぜ移動平均により雑音が軽減されるのか？
- □ 移動平均の回数と雑音の軽減効果の関係は？

本書の以降の課題の 1 つは，このような疑問点に解答し，その処理を実際に実行する信号処理システムを説明することにある．

【例題 3.1】　$F = 1\text{[Hz]}$ の正弦波 $x(t) = \cos(2\pi t)$ を $F_s = 4\text{[Hz]}$ でサンプリングする．

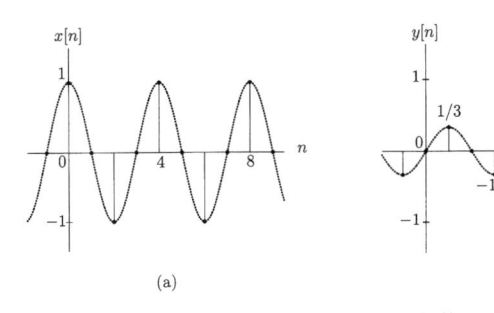

図 **3.4** 例題 3.1 の解答

(a) 信号の正規化表現 $x[n]$ を求め，n を横軸に信号を図示せよ．
(b) 式 (3.1) の 3 点移動平均を実行し，$y[n]$ を求めよ．

【解答】 (a) $x[n] = \cos(\pi n/2)$ となる（図 3.4 (a) 参照）．
(b) 図 3.4 (b) 参照 □

【例題 3.2】 式 (3.1) と $y[n] = \frac{1}{3}\{x[n+1] + x[n] + x[n-1]\}$ の処理の違いについて説明せよ．

【解答】 式 (3.1) の処理では，ある時刻の出力 $y[n]$ を計算するのに，その時刻 n より過去の値 $(x[n] + x[n-1] + x[n-2])$ のみを用いている．一方，問題のシステムは同じ 3 点平均ではあるが，時刻 n より未来の時刻の値 $(x[n+1])$ を用いている．したがって，信号 $x[n]$ が時系列で与えられる場合，後者は時刻 n で出力 $y[n]$ を計算し，出力することができない． □

3.2 線形時不変システム

信号処理システムにおいて，最も基本となるシステムは線形時不変システムである．先に述べた 3 点移動平均の計算も，このシステムに相当する．ここでは，線形時不変システムとは何か，その表現法，それがなぜ重要なのかについて説明する．

3.2.1 線形性と時不変性

信号処理システムを，入力信号 $x[n]$ を他の信号 $y[n]$ に変換するもの，と考えることができる．そこでいま，システムを図 3.5 に示すように，入力信号 $x[n]$ を出

$x[n]$ → [システム] → $y[n] = T[x[n]]$
入力 　　　　　　　 出力

図 3.5　システムの一般的表現

力信号 $y[n]$ に一意的に変換するものとして定義し，その関係を変換 (transform) の意味で

$$y[n] = T[x[n]] \tag{3.3}$$

と表そう．

いま，システムに $x[n] = \delta[n]$，すなわちインパルスを加えたときの出力を，特に

$$h[n] = T[\delta[n]] \tag{3.4}$$

と記述する．この $h[n]$ を**インパルス応答** (impulse response) と呼ぶ．この量はシステムの特性を理解する際に重要な役割を果たす．

次に，変換の際の拘束条件によって，システムを以下のように分類する．

(1) 時不変 (シフト不変) システム

時不変システム(time-invariant system) は，**シフト不変システム**(shift-invariant system) ともいわれる．これは，$y[n] = T[x[n]]$ とするとき，任意の入力 $x[n]$ のもとで

$$y[n-k] = T[x[n-k]] \tag{3.5}$$

が成立するシステムである．ただし，k は任意の整数である．

この条件を図 3.6 の例を用いて補足する．いま，同図 (a) の信号 $x_1[n]$ をシステムに加えたとき，出力として $y_1[n]$ が得られたとしよう．時不変システムでは，同図 (b) の入力 $x_2[n] = x_1[n-1]$ に対して，同じ時間だけシフトした $y_2[n] = y_1[n-1]$ が出力される．

(2) 線形システム

線形システム (linear system) とは，任意の入力のもとで，$y_1[n] = T[x_1[n]]$，$y_2[n] = T[x_2[n]]$ とするとき，

$$\begin{aligned}T[ax_1[n] + bx_2[n]] &= aT[x_1[n]] + bT[x_2[n]] \\ &= ay_1[n] + by_2[n]\end{aligned} \tag{3.6}$$

が成立するシステムである．ただし，a および b は任意の定数である．

3.2 線形時不変システム

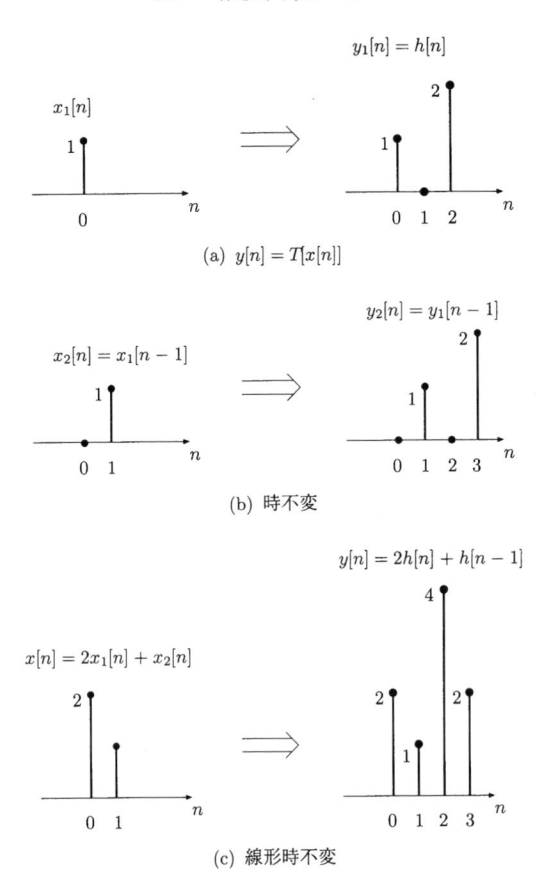

図 3.6 システムの入出力例

(3) 線形時不変システム

システムが線形性 (式 (3.6)) と時不変性 (式 (3.5)) の条件を同時に満たすとき，**線形時不変システム** (linear time-invariant system) と呼ばれる．線形性と時不変性の条件は，独立な条件であり，どちらかの条件しか満たさないシステムも存在する．

図 3.6 を例にして線形時不変システムを考えよう．同図 (c) の入力 $x[n]$ は，

$$x[n] = 2x_1[n] + x_2[n]$$
$$= 2\delta[n] + \delta[n-1] \tag{3.7}$$

と，先の信号 $x_1[n]$, $x_2[n]$ を用いて表現される．線形システムでは，

$$y[n] = T[x[n]] = T[2x_1[n] + x_2[n]]$$
$$= 2y_1[n] + y_2[n] \tag{3.8}$$

が得られる．さらに時不変システムを仮定すると，$y_1[n] = h[n]$, $y_2[n] = h[n-1]$ となる．ゆえに，線形時不変システムでは，

$$y[n] = 2h[n] + h[n-1] \tag{3.9}$$

が得られる．

(4) 因果性システム

因果性システム (causal system) とは，任意の時刻 n_0 における出力 $y[n_0]$ が，その時刻よりも過去の時間 $n \leq n_0$ のみの入力 $x[n]$ を用いて計算されるシステムである．

特に時系列として与えられるデータを次々に処理して出力する実時間処理システム (real-time system) の実現では，システムが因果性を満たすことが重要である．線形時不変システムが因果性システムとなるための必要十分条件は，

$$h[n] = 0, \quad n < 0 \tag{3.10}$$

と与えられる (例題 3.5 参照)．この条件は，$h[n]$ に因果性信号の制約を課すことに相当する．

【例題 3.3】 インパルス応答 $h[n] = \delta[n] + 2\delta[n-2]$ を持つ線形時不変システムを考える．このシステムに $x[n] = 2\delta[n] + \delta[n-1]$ を加えた場合の出力 $y[n]$ を求めよ．

【解答】 線形時不変システムの条件から，

$$y[n] = T[2\delta[n] + \delta[n-1]] = 2T[\delta[n]] + T[\delta[n-1]]$$
$$= 2h[n] + h[n-1] = 2\delta[n] + \delta[n-1] + 4\delta[n-2] + 2\delta[n-3]$$

が成立する．この信号は，図 3.6 と同じである．

この例からわかるように，線形時不変システムでは，インパルス応答 $h[n] = T[\delta[n]]$ がわかると，任意の入力に対する出力を求めることができる．これは，インパルスの性質 (式 (2.28)) と線形時不変システムの定義から理解される．　　□

3.2.2　たたみ込み

線形時不変システムをより詳細に考えよう．

3.2 線形時不変システム

(1) たたみ込み

線形時不変システムでは，インパルス応答 $h[n] = T[\delta[n]]$ がわかると，任意の入力に対する出力を求めることができる (例題 3.3 参照)．ここでは，その点に着目し，システムの入出力関係を一般的に表現する．

線形時不変システムでは，任意の入力 $x[n]$ とそれに対応する出力 $y[n]$ の関係を

$$y[n] = \sum_{k=-\infty}^{\infty} x[k]h[n-k] \tag{3.11}$$

と記述することができる (導出は (3) 参照)．ここでは，任意の入力 $x[n]$ に対する出力 $y[n]$ を，インパルス応答 $h[n]$ のみで計算できる点に着目してほしい．

上式の関係を信号 $x[n]$ と $h[n]$ の**たたみ込み** (convolution) または**直線たたみ込み** (linear convolution) という．また $y[n]$ を $x[n]$ と $h[n]$ のたたみ込みといい，

$$y[n] = x[n] * h[n] \tag{3.12}$$

としばしば略記する．変数変換によって，$x[n]$ と $h[n]$ を入れ換えた関係

$$y[n] = \sum_{k=-\infty}^{\infty} h[k]x[n-k] = h[n] * x[n] \tag{3.13}$$

を得ることも可能である (演習問題 (9) 参照)．

(2) たたみ込み例 (3 点移動平均)

たたみ込みの表現は一見複雑であるが，実用上重要な処理は，たたみ込み，すなわち線形時不変システムであることが多い．先に述べた 3 点移動平均の処理 (式 (3.1)) もたたみ込みであることを述べよう．

3 点平均では，3 点の $x[n]$ のみを用いて出力 $y[n]$ を計算するので，式 (3.13) の表現を

$$\begin{aligned} y[n] &= \sum_{k=0}^{2} h[k]x[n-k] \\ &= h[0]x[n] + h[1]x[n-1] + h[2]x[n-2] \end{aligned} \tag{3.14}$$

と書き換えることができる．式 (3.1) との比較から，3 点平均を計算するシステムは，$h[0] = h[1] = h[2] = 1/3$ のインパルス応答，すなわち

$$h[n] = \frac{1}{3}\delta[n] + \frac{1}{3}\delta[n-1] + \frac{1}{3}\delta[n-2] \tag{3.15}$$

を持つ線形時不変システムであることがわかる (図 3.7 (a) 参照)．同様の結論は，$x[n] = \delta[n]$ を式 (3.1) に代入することにより，得ることもできる．

(3) たたみ込みの導出

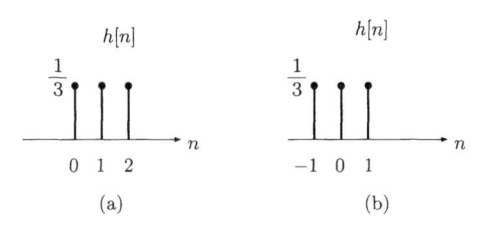

図 3.7 3点移動平均のインパルス応答

さて，式 (3.11) のたたみ込みの式が簡単に導出できることを示そう．たたみ込みの導出のためには，線形性と時不変性の条件が必要であることを確認してほしい．

まず，システムの入出力関係は，$y[n] = T[x[n]]$ と表現される．この $x[n]$ に式 (2.28) の関係を代入すると，

$$y[n] = T[x[n]]$$
$$= T[\sum_{k=-\infty}^{\infty} x[k]\delta[n-k]] \qquad (3.16)$$

となる．この表現には，線形性と時不変性の仮定は必要ない．

次に線形性を仮定すると，上式は

$$y[n] = \sum_{k=-\infty}^{\infty} T[x[k]\delta[n-k]]$$
$$= \sum_{k=-\infty}^{\infty} x[k]T[\delta[n-k]] \qquad (3.17)$$

と整理される．最初の変形は，総和の変換と，個々の変換の総和は等しい，という線形性の条件から成り立つ．第二の変形は，$x[k]$ は定数であるので (式 (3.6) の定数 a, b に相当)，それを変換の外に移動したものである．

最後に，時不変性を仮定しよう．インパルス応答を $h[n] = T[\delta[n]]$ とすると，時不変性から，

$$h[n-k] = T[\delta[n-k]] \qquad (3.18)$$

が成り立つ．したがって，上式を式 (3.17) に代入することにより，式 (3.11) のたたみ込みを得ることができる．

【例題 3.4】 例題 3.2 の 3 点移動平均を求めるシステムのインパルス応答を示せ．

【解答】 式 (3.15) と同様に考えると,
$$h[n] = \frac{1}{3}\delta[n+1] + \frac{1}{3}\delta[n] + \frac{1}{3}\delta[n-1]$$
を得る (図 3.7(b) 参照). 式 (3.10) より, $h[n]$ が負の時間で非零値をとること (非因果性信号となる) から, このシステムは因果性システムではない. □

【例題 3.5】 因果性システムのたたみ込み表現を示せ.

【解答】 式 (3.13) より, $h[n] = 0, n < 0$ の仮定のもとで,
$$y[n] = \sum_{k=0}^{\infty} h[k]x[n-k] \tag{3.19}$$
となる. 上式から, $x[n]$ が因果性信号 (式 1.2), ($x[n] = 0, n < 0$) のとき, $y[n]$ も因果性信号となることがわかる. また, ある時刻 n_0 の出力 $y[n_0]$ は, それよりの過去の入力 $x[n], n \leq n_0$ のみで計算されることがわかる. □

【例題 3.6】 例題 3.3 のシステムの入出力関係を, たたみ込みとして表現せよ.

【解答】 式 (3.13) の $h[k]$ に値を代入すると, $y[n] = x[n] + 2x[n-2]$ を得る. □

3.2.3 FIR システムと IIR システム

システムには, 無限個のインパルス応答を持つシステムと, 有限個のインパルス応答を持つシステムが存在する (図 3.8 参照). 前者を**無限インパルス応答**(Infinite Impulse Response, IIR) システム, 後者を**有限インパルス応答**(Finite Impulse Response, FIR) システムという.

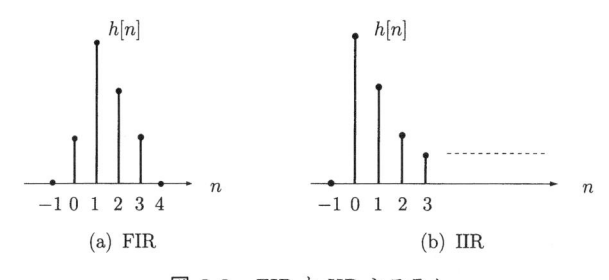

図 **3.8** FIR と IIR システム

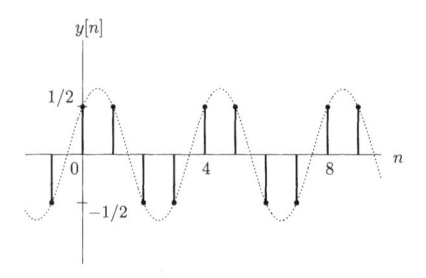

図 3.9 例題 3.7

因果性を満たす (式 (3.10)) FIR システムのたたみ込み表現は，式 (3.13) から，

$$y[n] = \sum_{k=0}^{N-1} h[k]x[n-k] \tag{3.20}$$

となる．ここで，N は整数でありインパルス応答の個数である．3 点移動平均に代表される N 点の移動平均処理システムは，N 個のインパルス応答を持ち，FIR システムとなる．一方，6 章で述べるフィードバック処理を伴うシステムは，一般に IIR システムとなる．

【例題 3.7】 $F = 1[\text{Hz}]$ の正弦波 $x(t) = \cos(2\pi t)$ を $F_s = 4[\text{Hz}]$ でサンプリングする．
  (a) 正規化角周波数 ω を求めよ．
  (b) 正規化表現された信号 $x[n]$ を求めよ．
  (c) 2 点移動平均 $y[n] = \frac{1}{2}(x[n] + x[n-1])$ を実行し，$y[n]$ を求めよ．

【解答】 (a) $\omega = \pi/2$，(b) $x[n] = \cos(\pi n/2)$，(c) 図 3.9 参照． □

3.3 システムの実現

たたみ込みを計算する幾つかの方法を調べよう．どの方法を用いても，線形時不変システムを実現することができる．

3.3.1 たたみ込みの計算法

図 3.10 の入力信号 $x[n]$ とインパルス応答 $h[n]$ のたたみ込みを例にして，たたみ込みを計算する 3 つの方法を紹介する．どの方法も，本質的には違わない．

3.3 システムの実現

図 3.10 たたみ込み例 1

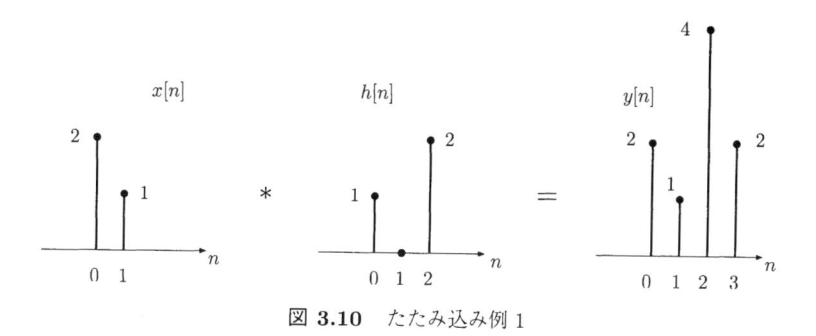

(1) 入力信号 $x[n]$ の分解

例題 3.3 で述べた方法である．入力信号は $x[n] = 2\delta[n] + \delta[n-1]$ と 2 つのインパルスを用いて表現できるので，個々の信号 $(2\delta[n], \delta[n-1])$ に対する出力を求め，その結果を加算すればよい．したがって，

$$y[n] = 2h[n] + h[n-1] \tag{3.21}$$

を得る (図 3.10 参照)．

(2) たたみ込み式の直接計算

このシステムは，たたみ込み表現として，

$$y[n] = x[n] + 2x[n-2] \tag{3.22}$$

と記述される (例題 3.5 参照)．したがって，各時刻で上式を計算すると，

$$\begin{cases} y[0] &= x[0] + 2x[-2] = 2 + 0 = 2 \\ y[1] &= x[1] + 2x[-1] = 1 + 0 = 1 \\ y[2] &= x[2] + 2x[0] = 0 + 4 = 4 \\ y[3] &= x[3] + 2x[1] = 0 + 2 = 2 \\ y[4] &= x[4] + 2x[2] = 0 + 0 = 0 \\ &\vdots \end{cases} \tag{3.23}$$

を得る．これは，当然，式 (3.21) の結果と一致する．

(3) 多項式積の計算

いま，各時刻での $x[n]$ と $h[n]$ の値を以下のように多項式の係数に割り振る．

$$X(z) = 2 + z^{-1} \tag{3.24}$$
$$H(z) = 1 + 2z^{-2} \tag{3.25}$$

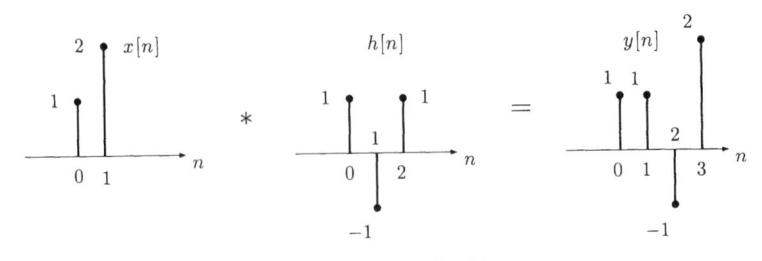

図 3.11　たたみ込み例 2

ここで，z の指数部は，各信号値の存在する時刻に対応する．次に，両者の多項式積を，次のように求める．

$$Y(z) = H(z)X(z) = 2 + z^{-1} + 4z^{-2} + 2z^{-3} \qquad (3.26)$$

上式の多項式係数は，図 3.10 の $y[n]$ と一致している．

このように，多項式積として，たたみ込みの計算を行うことができる．なぜこのような手順でたたみ込みが計算可能か，という点については，次章で述べる z 変換の性質から説明される．

【例題 3.8】　図 3.11 の $x[n]$ と $h[n]$ に対してたたみ込みを実行せよ．

【解答】　上述のどの方法を用いても，同図の $y[n]$ を得る．　□

3.3.2　ハードウェア実現

線形時不変システムのハードウェア実現を述べよう．これは，前項のたたみ込み計算のハードウェア実現に相当する．

(1) 演算要素

たたみ込みは，式 (3.11) あるいは式 (3.13) からわかるように，乗算，加減算，信号のシフトという 3 種類の演算により実行される．いま，この 3 種類の演算を行う演算器を，図 3.12 のように表す．線形時不変システムは，これらの演算器を用いて実現することができる．

(2) システムの構成例

前項のシステム

$$y[n] = x[n] + 2x[n-2] \qquad (3.27)$$

を再び考える．このシステムは，図 3.13 のように構成できる．実際の場面では，この例のように，

3.3 システムの実現

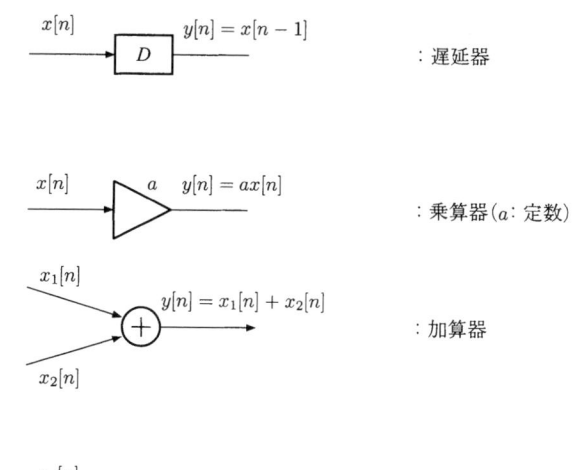

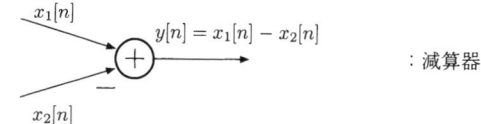

```
x[n] → [D] → y[n] = x[n − 1]    :遅延器

x[n] →▷ a  y[n] = ax[n]          :乗算器($a$: 定数)

x_1[n] ↘
         (+) → y[n] = x_1[n] + x_2[n]   :加算器
x_2[n] ↗

x_1[n] ↘
         (+) → y[n] = x_1[n] − x_2[n]   :減算器
x_2[n] ↗(−)
```

図 **3.12** システムの演算要素

- □ 入出力関係式からシステムを構成できる．
- □ 逆に，構成図から入出力関係がわかる．
- □ 構成図上で信号の流れが追える．

ことが大切である．

図 3.13 のシステムに図 3.10 の $x[n]$ を入力し，システム各部の信号の流れを確認してみよう．各時刻での各部の信号の値は同図のようになる．

(3) システムの一般的な構成

次に，より一般的なシステム

$$y[n] = \sum_{k=0}^{N-1} h[k]x[n-k] \tag{3.28}$$

を考える．上式は，因果性を満たす FIR システムの一般形となる．このシステムは，図 3.14 のように構成される．各乗算器の値がインパルス応答 $h[n]$ に対応することに注意してほしい．

システムの構成には自由度があり，1つのシステムに対して複数個の構成が存在し，これ以外にも，構成法は存在することを注意しておく．

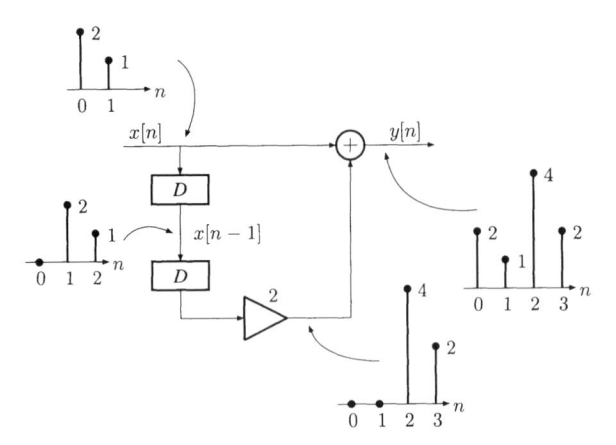

図 3.13　システムの構成例 1

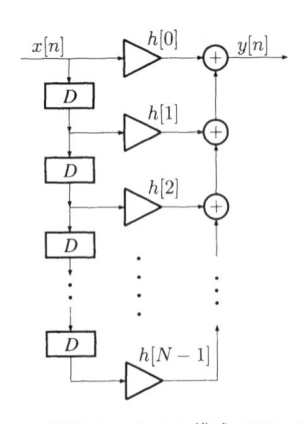

図 3.14　一般的システムの構成 (FIR システム)

3.4 周期的たたみ込み　　　45

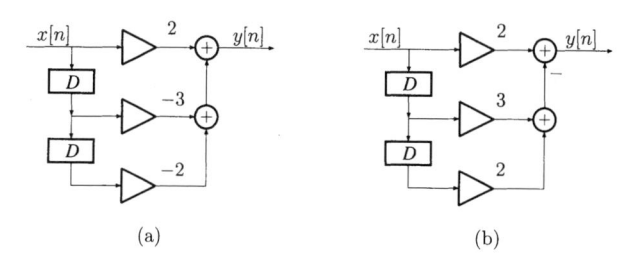

図 3.15 システムの構成例 2

【例題 3.9】 システム $y[n] = 2x[n] - 3x[n-1] - 2x[n-2]$ を構成せよ.

【解答】 図 3.15 の構成を得る. どちらの構成も, 同じシステムに相当する. □

3.4 周期的たたみ込み

線形時不変システムに周期信号を入力することを考える. 出力信号は, たたみ込みにより求められるが, 特別な性質を持つことになる.

(1) 直線たたみ込みの出力点数

いま, 図 3.16 に示すように, 高々 M 個の非零値を持つ信号 $x[n]$(長さ M の有限長信号) と, L 個の非零値を持つインパルス応答 $h[n]$ を考え, たたみ込みを実行する. $x[n]$ と $h[n]$ のたたみ込み (直線たたみ込み) は,

$$y[n] = \sum_{k=-\infty}^{\infty} x[k]h[n-k] \tag{3.29}$$

$$= \sum_{k=0}^{M-1} x[k]h[n-k] \tag{3.30}$$

と与えられる. この $y[n]$ は, 図 3.16(c) に示すように, $x[k]$ で重みづけられたインパルス応答 $x[k]h[n-k]$ を M 個重ね合わせたものと表現される. したがって, $y[n]$ の非零点数 M_y は

$$M_y = M + L - 1 \tag{3.31}$$

と与えられる. このことから, $M_y \geq M$ が成立し, 一般に直線たたみ込みの出力点数は入力点数に比べ増大することがわかる.

46   3 線形時不変システム

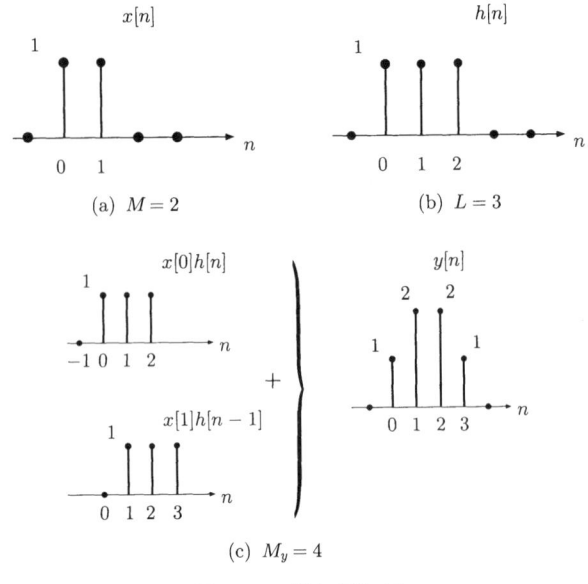

(a) $M = 2$

(b) $L = 3$

(c) $M_y = 4$

図 3.16 出力点数 M_y

(2) 周期的たたみ込み

いま，M 点の信号 $x[n]$ をもとに，次式のように周期 N を持つ周期信号 $x_N[n]$ を生成する (図 3.17 参照).

$$x_N[n] = \sum_{k=-\infty}^{\infty} x[n+kN] \tag{3.32}$$

次に，この $x_N[n]$ をインパルス応答 $h[n]$ を持つ線形時不変システムに入力す

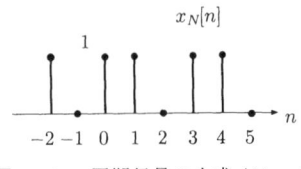

図 3.17 周期信号の生成 ($N = 3$)

ると, 出力 $y_N[n]$ はたたみ込み (式(3.13)) より,

$$\begin{aligned} y_N[n] &= \sum_{k=-\infty}^{\infty} h[k]x_N[n-k] \\ &= \sum_{k=-\infty}^{\infty} h[k]x_N[n+N-k] \\ &= y_N[n+N] \end{aligned} \qquad (3.33)$$

を得る. 上式から, 周期 N の入力信号に対する出力信号 $y_N[n]$ は, 周期 N を持つことがわかる. また, 上式は $N \geq L$ の仮定のもとで,

$$y_N[n] = \sum_{k=0}^{N-1} h_N[k]x_N[n-k] \qquad (3.34)$$

と表現することもできる. ここで $h_N[n]$ は式(3.32)に従い, $h[n]$ より生成された周期信号である.

上述のような周期 N の周期信号または周期を仮定された信号に対するたたみ込みを, **周期的たたみ込み**(periodic convolution)[1]といい,

$$y[n] = h[n] Ⓝ x[n] \qquad (3.35)$$

または,

$$y_N[n] = h_N[n] Ⓝ x_N[n] \qquad (3.36)$$

と略記する. このたたみ込みは, 9章で述べるように, たたみ込みをフーリエ変換に基づき実行する際に重要となる.

(3) 直線たたみ込みとの関係

直線たたみ込みの結果 $y[n]$ と, 周期的たたみ込みの結果 $y_N[n]$ の関係を考察しよう. 図3.18は, 式(3.32)に従い周期信号 $x_N[n]$ を生成し, 周期的たたみ込みを実行した結果である. 図3.19は, 異なる N で周期的たたみ込みを実行した結果である. これらの結果から, 次のことがわかる.

- □ 出力信号は周期 N を持つ.
- □ 出力信号の1周期の値が, 直線たたみ込みと完全に一致する場合がある (図3.19).
- □ 仮定される周期により, 出力信号の1周期の値の一部のみが直線たたみ込みと一致する (図3.18).

---

[1] 周期的たたみ込みと類似したものに巡回たたみ込み (cyclic convolution) がある. 両者の違いは, 入力信号が元々周期信号なのか, 仮定された周期信号なのかであり, 違いは僅かである. 本書では混乱のない限り区別せず, 周期的たたみ込みという表現を用いる.

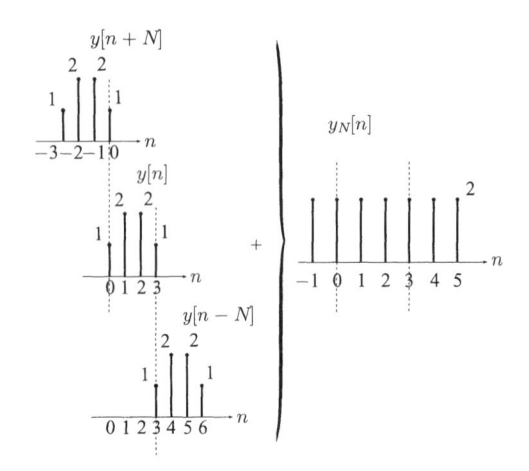

図 3.18 周期的たたみ込み例 ($N = 3$)

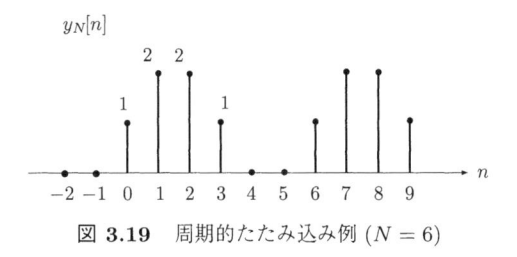

図 3.19 周期的たたみ込み例 ($N = 6$)

この結論は、システムの線形性と時不変性より説明される．直線たたみ込みと同じ結果を，周期的たたみ込みによって得るためには，

$$N \geqq M + L - 1 \qquad (3.37)$$

を満たす必要がある．この条件を満たさなかった場合には，図 3.18 に示すように，出力信号の一部が重なってしまうために，直線たたみ込みの結果 $y[n]$ と一部異なったものとなる．すなわち，$y_N[n]$ と $y[n]$ の両者は，式 (3.32) より，

$$y_N[n] = T[x_N[n]] = T[\sum_{k=-\infty}^{\infty} x[n+kN]]$$

$$= \sum_{k=-\infty}^{\infty} T[x[n+kN]]$$

$$= \sum_{k=-\infty}^{\infty} y[n+kN] \qquad (3.38)$$

と関係する.

【例題 3.10】 入力点数 $M = 50$,インパルス応答の個数 $L = 10$ を仮定する.以下の問いに答えよ.
  (a) 周期的たたみ込みにより,直線たたみ込みと同じ結果を得たい.仮定される周期 N を求めよ.
  (b) 周期 $N = 50$ を仮定する.周期的たたみ込みにより得られる 1 周期中の値のうち,直線たたみ込みの結果と一致する点数は,何点あるか.

【解答】 (a) 式 (3.37) より,$N \geq 59$ を得る.
 (b) $N = 50$ では (a) の条件に比べ 9 点少ない.そのことから,$50 - 9 = 41$ 点のみ正しい値となる. □

演 習 問 題

(1) 以下のシステムが線形性と時不変性の条件をそれぞれ満たすかどうかを示せ.
 (a) $y[n] = nx[n-1]$, (b) $y[n] = x[n] + x[n-1] + 2$
 (c) $y[n] = x[2n-1]$, (d) $y[n] = 2x[n-1]$
(2) システム $y[n] = x[n] - 2x[n-1] + x[n-2]$ を考える.以下の問いに答えよ.
 (a) このシステムのインパルス応答を求めよ.
 (b) 図 3.20 の入力 $x[n]$ を加えた場合の出力 $y[n]$ を求めよ.
 (c) 単位ステップ信号 $u[n]$ を加えた場合の出力 $y[n]$ を求めよ.
 (d) このシステムの構成図を示せ.
(3) 線形時不変システムに単位ステップ信号 $u[n]$ を加えたら,図 3.21 の出力が得られた.このシステムのインパルス応答を求めよ.
(4) 以下のシステムのハードウェア構成を示せ.
 (a) $y[n] = x[n] - ax[n-1] + bx[n-2]$

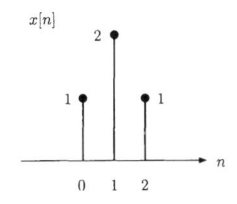

図 3.20 演習問題 (2) の説明

$y[n] = T[u[n]]$

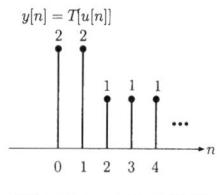

図 3.21 (3) の説明

    (b) $y[n] = x[n] - ax[n-1] - bx[n-2]]$
(5) 以下のシステムのインパルス応答を求めよ
    (a) $y[n] = x[n] + 2x[n-1] - 3x[n-2]$
    (b) $y[n] = x[n+1] + 2x[n] - 3x[n-1]$
(6) インパルス応答 $h[n]$ を持つ線形時不変システムに単位ステップ信号 $u[n]$ を入力する．このとき，出力 $y[n]$ が
$$y[n] = \sum_{k=-\infty}^{n} h[k]$$
と表現できることを示せ．
(7) 式 (3.11) と式 (3.13) が等価であることを示せ．
(8) インパルス応答 $h[n] = a\delta[n] + b\delta[n-1] + c\delta[n-2]$ をもつ線形時不変システムに単位ステップ信号 $u[n]$ を入力する．出力信号 $y[n]$ を求めよ．

4 z 変換とシステムの伝達関数

 システムの設計や解析，あるいはシステムの効率的な構成法の検討を行う場合には，前章で述べたインパルス応答のように，時間信号としてシステムを表現するのみでは不便である．そこで z 変換やフーリエ変換と呼ばれる変換法を用い，信号やシステムを変換した形式で検討することが広く行われている．

 本章では，z 変換という信号の変換法について述べる．次にその変換法に基づき，システムの伝達関数を定義し，システムや信号を z 領域において表現することを学ぶ．

4.1 z 変換

 ここでは，z 変換を定義し，z 変換の具体的計算法について述べる．

(1) z 変換の定義

 まず，離散時間信号 $x[n]$ の z 変換 $X(z)$ は次式により定義される．

$$X(z) = \sum_{n=-\infty}^{\infty} x[n]z^{-n} \tag{4.1}$$

ただし，上式は，

$$\sum_{n=-\infty}^{\infty} |x[n]z^{-n}| < \infty \tag{4.2}$$

を満たすことを条件とする．ここで，z は複素数である．

 いま，表現を簡潔にするために，数列 $x[n]$ の z 変換が $X(z)$ であるとき，両者の関係を

$$x[n] \stackrel{z}{\leftrightarrow} X(z) \tag{4.3}$$

または

$$X(z) = \mathcal{Z}[x[n]] \tag{4.4}$$

$$x[n] = \mathcal{Z}^{-1}[X(z)] \tag{4.5}$$

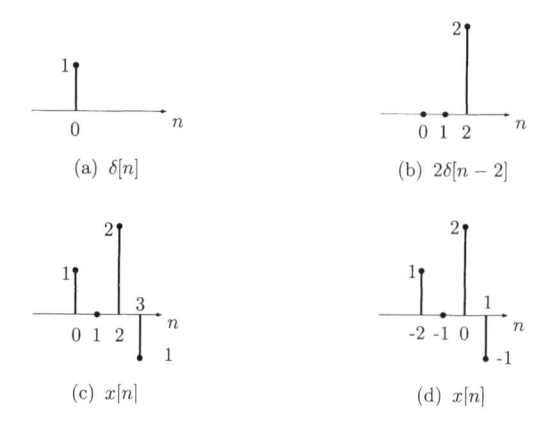

図 4.1　信号例

と表す．式 (4.4) は順変換，式 (4.5) は逆変換 (逆 z 変換) に対応する．以下では，時間信号を小文字 ($x[n]$)，変換された信号を大文字 ($X(z)$) で表現する．

(2) インパルス $\delta[n]$ の z 変換

具体的な z 変換の計算例を示す．まず，図 4.1 (a) のインパルス $\delta[n]$ の z 変換は 1 であること，すなわち

$$\delta[n] \stackrel{z}{\leftrightarrow} 1 \tag{4.6}$$

を示そう．インパルスの定義 (式 (2.25)) に注意し，式 (4.1) に $x[n] = \delta[n]$ を代入すると

$$\mathcal{Z}[\delta[n]] = \sum_{n=-\infty}^{\infty} \delta[n] z^{-n} = \delta[0] z^{-0} = 1 \tag{4.7}$$

を得る．したがって，式 (4.6) が成立する．

次に，

$$2\delta[n-2] \stackrel{z}{\leftrightarrow} 2z^{-2} \tag{4.8}$$

であることを示す．$2\delta[n-2]$ は，図 4.1 (b) の信号である．式 (4.1) に $x[n] = 2\delta[n-2]$ を代入すると

$$\mathcal{Z}[2\delta[n-2]] = 2 \sum_{n=-\infty}^{\infty} \delta[n-2] z^{-n} = 2\delta[0] z^{-2} = 2z^{-2} \tag{4.9}$$

を得る．ここで，$\delta[n-2]$ は括弧内がゼロとなるとき ($n=2$)，値 1 をとることに注意してほしい．

最後に，図 4.1 (c) の信号 $x[n]$ の z 変換を考えよう．この信号は，
$$x[n] = \delta[n] + 2\delta[n-2] - \delta[n-3] \tag{4.10}$$
とインパルスを用いて表現できるので，同様に，その z 変換は
$$x[n] \stackrel{z}{\leftrightarrow} 1 + 2z^{-2} - z^{-3} \tag{4.11}$$
と求められる．

いま，任意の信号 $x[n]$ をインパルスを用いて表現できることを思い出してほしい (式 (2.28))．したがって，上述の例のように，インパルスに対する z 変換がわかれば，容易に任意の信号の z 変換を求めることができる．

【例題 4.1】 図 4.1 (d) の信号をインパルスを用いて表し，z 変換を求めよ．

【解答】 $x[n] = \delta[n+2] + 2\delta[n] - \delta[n-1]$ と表現され，z 変換は $X(z) = z^2 + 2 - z^{-1}$ となる．各 z の指数は各信号値の時刻に，z の係数は単に信号値に対応することがわかる． □

【例題 4.2】 $x[n] = \sum_{k=0}^{\infty} b^k \delta[n-k] = b^n u[n]$ の z 変換を求めよ．ただし，$u[n]$ は単位ステップ信号である．

【解答】 $X(z) = 1 + bz^{-1} + b^2 z^{-2} + \cdots$ となる．初項 1, 公比 bz^{-1} の等比級数和として整理すると，$X(z) = 1/(1 - bz^{-1})$ という表現も可能である．ただし，式 (4.2) より，$|z| > |b|$ という条件が必要となる．このように z 変換を定義可能とする z の値の集合を，z 変換の収束領域という (コラム C 参照)． □

4.2 z 変換の性質

z 変換を実際の場面で使いこなすためには，以下に示す z 変換の性質を理解する必要がある．z 変換では，常に以下の関係が成立する．

(1) 線形性

任意の 2 つの信号 $x_1[n]$, $x_2[n]$ の z 変換を，それぞれ $X_1(z) = \mathcal{Z}[x_1[n]]$, $X_2(z) = \mathcal{Z}[x_2[n]]$ とするとき，
$$\begin{aligned} \mathcal{Z}[ax_1[n] + bx_2[n]] &= a\mathcal{Z}[x_1[n]] + b\mathcal{Z}[x_2[n]] \\ &= aX_1(z) + bX_2(z) \end{aligned} \tag{4.12}$$

が成立する．ここで，a および b は任意の定数である．この性質を線形性という．

式 (4.10) と式 (4.11) の関係に再び注目しよう．この関係は，3 つの信号 ($\delta[n]$, $2\delta[n-2]$, $\delta[n-3]$) の z 変換をそれぞれ重ね合わせたものである．これが成立するのが線形性である．z 変換の定義が加算という線形演算であるので，この線形性が成り立つ．

(2) 時間シフト

信号 $x[n]$ の z 変換が $X(z) = \mathcal{Z}[x[n]]$ であるとき，

$$x[n-k] \overset{z}{\leftrightarrow} X(z)z^{-k}, \ (k: 任意の整数) \tag{4.13}$$

が成立する (例題 4.3 参照)．

例えば図 4.1 (c) の信号を $x[n]$ とすると，同図 (d) の信号は $x'[n] = x[n+2]$ となる．したがって，式 (4.11) と例題 4.1 に示したように，両者の z 変換は $X'(z) = X(z)z^2$ となる．

(3) たたみ込み

任意の 2 つの信号 $x_1[n]$, $x_2[n]$ の z 変換をそれぞれ $X_1(z) = \mathcal{Z}[x_1[n]]$, $X_2(z) = \mathcal{Z}[x_2[n]]$ とする．このとき，両者がたたみ込みの関係にあるとき (式 (3.11))，

$$\sum_{k=-\infty}^{\infty} x_1[k] x_2[n-k] \overset{z}{\leftrightarrow} X_1(z) X_2(z) \tag{4.14}$$

が成立する．

ここで，3.3.1 におけるたたみ込みの計算法 (3) を再び考えよう．(3) の多項式として計算する方法が，この性質そのものである．2 つの信号の z 変換を求め，両者の多項式を計算することにより，たたみ込みの結果を知ることができる．この性質の証明は演習問題 (6) とする．

【例題 4.3】 図 4.2 (a) の信号 $x[n]$ を考える．以下の問いに答えよ．

(a) 信号 $x[n]$ を z 変換せよ．

(b) 信号 $x[n-1]$ の z 変換を求めよ．

(c) 信号 $x[n]$ と $x[n-1]$ のたたみ込みを求めよ．

【解答】 (a) $X(z) = 1 - z^{-1} + z^{-2}$, (b) 時間シフトの性質から，$X(z)z^{-1} = z^{-1} - z^{-2} + z^{-3}$ (図 4.2 (b) 参照), (c) たたみ込みの性質から，$X(z)X(z)z^{-1} = (1 - z^{-1} + z^{-2})(z^{-1} - z^{-2} + z^{-3}) = z^{-1} - 2z^{-2} + 3z^{-3} - 2z^{-4} + z^{-5}$ を得る．ゆえに，その係数値から，たたみ込みの結果として図 4.2 (c) を得る． □

図 4.2 例題 3.2

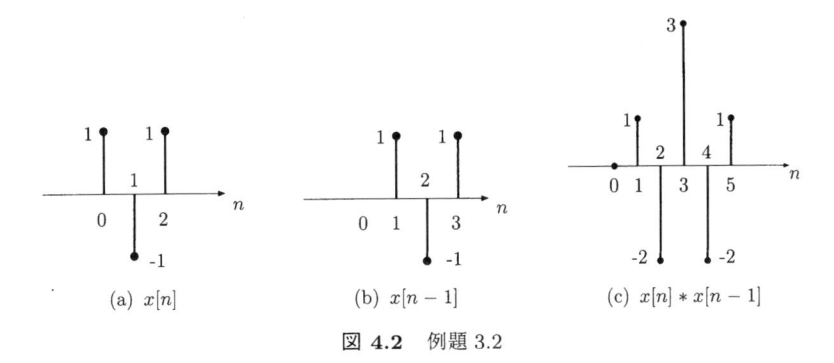

【例題 4.4】 z 変換の時間シフトの性質 (式 (4.13)) を証明せよ.

【解答】 $x'[n] = x[n-k]$ の z 変換は, $X'(z) = \sum_{n=-\infty}^{\infty} x[n-k]z^{-n} = \sum_{m=-\infty}^{\infty} x[m]z^{-(m+k)}$
$= \sum_{m=-\infty}^{\infty} x[m]z^{-m}z^{-k} = X(z)z^{-k}$ と与えられる. ただし, $m = n - k$ とおいた. □

4.3 システムの伝達関数

インパルス応答 $h[n]$ の z 変換として伝達関数 $H(z)$ を定義しよう.

4.3.1 伝達関数の定義

線形時不変システムでは, 図 4.3 に示すように, 入力信号 $x[n]$, インパルス応答 $h[n]$ と出力信号 $y[n]$ の間に, たたみ込み

$$y[n] = \sum_{k=-\infty}^{\infty} h[k]x[n-k] \tag{4.15}$$

が成立する (式 (3.13)). この関係は, z 変換のたたみ込みの性質から

$$Y(z) = H(z)X(z) \tag{4.16}$$

図 4.3 システムの入出力関係

ただし,

$$Y(z) = \mathcal{Z}[y[n]] \tag{4.17}$$

$$H(z) = \mathcal{Z}[h[n]] \tag{4.18}$$

$$X(z) = \mathcal{Z}[x[n]] \tag{4.19}$$

と表現できる.

ここで,$H(z)$ をシステムの**伝達関数** (transfer function),あるいはシステム関数という.したがって,伝達関数 $H(z)$ は,インパルス応答 $h[n]$ の z 変換,あるいは入出力信号の z 変換の比,

$$H(z) = \frac{Y(z)}{X(z)} \tag{4.20}$$

として定義される.

後述するように,伝達関数 $H(z)$ から逆にインパルス応答 $h[n]$ を求めることもできる.ゆえに,インパルス応答と伝達関数は,ともに,システムの全情報を異なる形で持っていることを注意しておく.

4.3.2 伝達関数の導出
(1) 3 点移動平均

まず,3 点移動平均を求めるシステム

$$y[n] = \frac{1}{3}(x[n] + x[n-1] + x[n-2]) \tag{4.21}$$

を考えよう.このシステムのインパルス応答は $h[n] = 1/3 \cdot (\delta[n] + \delta[n-1] + \delta[n-2])$ であるので,伝達関数は,式 (4.18) から $h[n]$ の z 変換として

$$H(z) = \frac{1}{3}(1 + z^{-1} + z^{-2}) \tag{4.22}$$

と与えられる.

次に,式 (4.20) の定義に基づくと,同じ結果を異なるアプローチで求めることができることを示す.いま,$Y(z) = \mathcal{Z}[y[n]]$,$X(z) = \mathcal{Z}[x[n]]$ とおくと,時間シフトの性質から,$X(z)z^{-1} = \mathcal{Z}[x[n-1]]$,$X(z)z^{-2} = \mathcal{Z}[x[n-2]]$ を得る.ゆえに,式 (4.21) を z 変換すると

$$\begin{aligned} Y(z) &= \frac{1}{3}(X(z) + X(z)z^{-1} + X(z)z^{-2}) \\ &= \frac{1}{3}(1 + z^{-1} + z^{-2})X(z) \end{aligned} \tag{4.23}$$

となる.したがって,伝達関数は

$$H(z) = \frac{Y(z)}{X(z)} = \frac{1}{3}(1 + z^{-1} + z^{-2}) \tag{4.24}$$

と求められる.

両者のアプローチに本質的な差異はない.しかし,6章で述べる再帰型システムに対しては,後者がより容易な伝達関数の導出を与える.

(2) 伝達関数の一般形

FIR システムの一般的な伝達関数を与えよう.因果性を満たす FIR システムは,

$$y[n] = \sum_{k=0}^{N-1} h[k]x[n-k] \tag{4.25}$$

と表現される.3点平均の場合と同様に,伝達関数を求めると

$$Y(z) = \sum_{k=0}^{N-1} [h[k]z^{-k}]X(z) \tag{4.26}$$

より,

$$H(z) = \frac{Y(z)}{X(z)} = \sum_{k=0}^{N-1} h[k]z^{-k} \tag{4.27}$$

となる.

伝達関数の z 係数が,直接インパルス応答に対応することに注意してほしい.また,伝達関数は z 多項式であり,この多項式の次数を伝達関数の**次数** (order) という.式 (4.27) の伝達関数の次数は $N-1$ 次であり,式 (4.24) は 2 次の伝達関数である.

【例題 4.5】 システム $y[n] = x[n] - 2x[n-1] + x[n-2]$ の伝達関数を求め,その次数を示せ.

【解答】 $H(z) = 1 - 2z^{-1} + z^{-2}$ となり,2 次の伝達関数となる. □

4.4 システムの z 領域表現

z 変換は信号やシステムに対して簡潔な表現を与える.ここでは,z 変換に基づくシステムの表現および性質を説明する.

4.4.1 伝達関数の構成

3.4 で述べたように,たたみ込みは,乗算,加減算および時間のシフト演算に

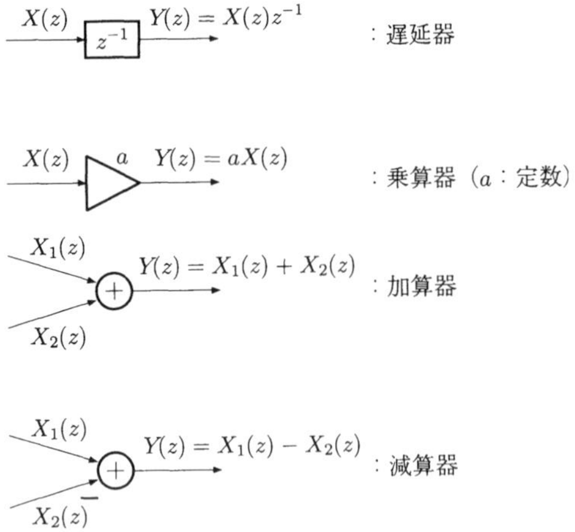

図 4.4 システムの演算要素 (z 領域)

より実現される.すなわち

$$y[n] = ax[n] \tag{4.28}$$

$$y[n] = x_1[n] \pm x_2[n] \tag{4.29}$$

$$y[n] = x[n-1] \tag{4.30}$$

が基本演算である.z 変換の線形性および時間シフトの性質から,上式は,それぞれ z 領域において

$$Y(z) = aX(z) \tag{4.31}$$

$$Y(z) = X_1(z) \pm X_2(z) \tag{4.32}$$

$$Y(z) = X(z)z^{-1} \tag{4.33}$$

と与えられる.したがって,たたみ込みの演算要素は,z 領域において図 4.4 のように表現される.これは時間領域の表現である図 3.12 に対応するものである.

式 (4.27) の伝達関数を持つシステムは,図 4.5 のようなハードウェア構成により実現することができる.この構成は,先に述べた図 3.14 の構成の z 領域表現である.

【例題 4.6】 図 4.6 のシステムの伝達関数をそれぞれ求めよ.

【解答】 (a) $Y(z) = aX(z) + bX(z)z^{-1} + cX(z)z^{-2} = (a + bz^{-1} + cz^{-2})X(z)$ より,$H(z) = Y(z)/X(z) = a + bz^{-1} + cz^{-2}$

4.4 システムの z 領域表現

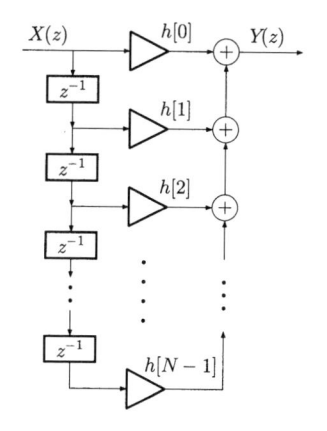

図 4.5 FIR システムの構成 (z 領域)

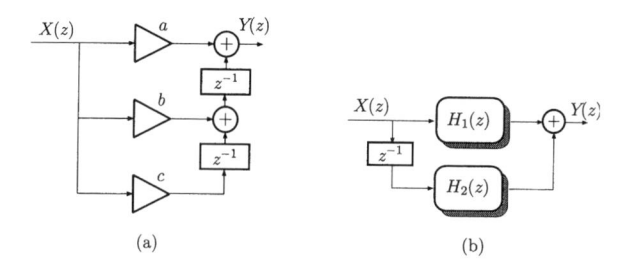

図 4.6 例題 4.6

(b) $Y(z) = H_1(z)X(z) + H_2(z)z^{-1}X(z) = (H_1(z) + H_2(z)z^{-1})X(z)$ より，$H(z) = H_1(z) + H_2(z)z^{-1}$ □

4.4.2　縦続型構成と並列型構成

インパルス応答 $h_1[n]$ と $h_2[n]$ をもつ 2 つのシステムを考える．各システムの伝達関数を $H_1(z) = \mathcal{Z}[h_1[n]]$, $H_2(z) = \mathcal{Z}[h_2[n]]$ とする．以下では，複数のシステムを用いてより大きなシステムを実現するための 2 つの代表的構成法を紹介する．

(1) 縦続型構成

図 4.7 (a) のように，2 つのシステムを接続することを**縦続型構成**(cascade structure)，または**縦続型接続**(cascade connection) という．このシステムでは，各部

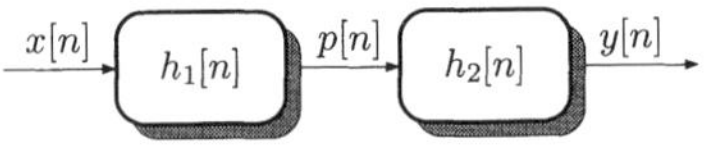

(a) 時間領域

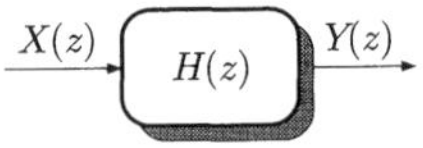

(b) $H(z) = H_1(z)H_2(z)$

図 **4.7**　システムの縦続型構成

の信号は

$$p[n] = h_1[n] * x[n] \tag{4.34}$$

$$y[n] = h_2[n] * p[n] \tag{4.35}$$

と関係する．ここで，"∗" はたたみ込みの略記表現である (式 (3.12) 参照)．式 (4.34) を式 (4.35) に代入すると，

$$\begin{aligned} y[n] &= h_2[n] * h_1[n] * x[n] \\ &= h[n] * x[n] \end{aligned} \tag{4.36}$$

ただし，

$$h[n] = h_1[n] * h_2[n] = h_2[n] * h_1[n] \tag{4.37}$$

を得る．

式 (4.36) および式 (4.37) を z 変換すると，たたみ込みの性質から $Y(z) = H(z)X(z)$ となり，システム全体の伝達関数 $H(z)$ は，

$$H(z) = H_1(z)H_2(z) \tag{4.38}$$

と与えられる．すなわち，システムの縦続型構成では，全体の伝達関数 $H(z)$ は，各システムの伝達関数 $H_1(z)$，$H_2(z)$ の積により与えられることがわかる (図 4.7 (b))．

(2) 並列型構成

図 4.8 (a) のように，2 つのシステムを接続することを**並列型構成**(parallel structure) または**並列型接続**(parallel connection) という．このシステムの入出力関係は

$$\begin{aligned} y[n] &= h_1[n] * x[n] + h_2[n] * x[n] \\ &= (h_1[n] + h_2[n]) * x[n] \\ &= h[n] * x[n] \end{aligned} \tag{4.39}$$

ただし，

$$h[n] = h_1[n] + h_2[n] \tag{4.40}$$

4.4 システムの z 領域表現

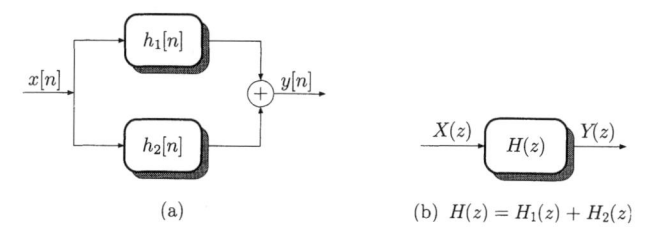

図 4.8 システムの並列型構成

を得る．ゆえに，上式を z 変換すると，$Y(z) = H(z)X(z)$ が成立し，システム全体の伝達関数 $H(z)$ は，

$$H(z) = H_1(z) + H_2(z) \tag{4.41}$$

となる．したがって，システムの並列型構成では，システムの全体の伝達関数 $H(z)$ は，各システムの伝達関数の和として与えられることがわかる (図 4.8 (b))．

以上のようなシステムの構成法により，ある信号処理をいくつかの処理に分割して実行することが可能となる．システムの構成法にはこれら以外の方法も存在し，並列型と縦続型を組み合わせて使用することもできる．

【例題 4.7】 $H_1(z) = H_2(z) = \frac{1}{3}(1 + z^{-1} + z^{-2})$ とし，縦続型構成と並列型構成におけるシステムの伝達関数を求めよ．

【解答】 縦続型構成では，$H(z) = H_1(z)H_2(z)$ より，$H(z) = 1/9 \cdot (1 + z^{-1} + z^{-2})(1 + z^{-1} + z^{-2}) = 1/9 \cdot (1 + 2z^{-1} + 3z^{-2} + 2z^{-3} + z^{-4})$ となる．一方，並列型構成では $H(z) = H_1(z) + H_2(z)$ より，$H(z) = 1/3 \cdot (1 + z^{-1} + z^{-2}) + 1/3 \cdot (1 + z^{-1} + z^{-2}) = 2/3 \cdot (1 + z^{-1} + z^{-2})$ となる． □

【例題 4.8】 $H_1(z) = a + cz^{-2}$, $H_2(z) = b + dz^{-2}$ とし，図 4.6 (b) のシステムの伝達関数 $H(z)$ を求めよ．

【解答】 例題 4.6 より，$H(z) = H_1(z) + H_2(z)z^{-1} = a + bz^{-1} + cz^{-2} + dz^{-3}$ □

【例題 4.9】 $H_1(z) = H_2(z) = a + bz^{-1} + cz^{-2}$ として，並列型構成と縦続型構成をそれぞれ示せ．

【解答】 図 4.9 参照．ただし，これ以外の $H_1(z)$ と $H_2(z)$ の構成にはこれ以外のものも存在する (例題 4.6 参照)． □

(a) 縦続型構成　　(b) 並列型構成

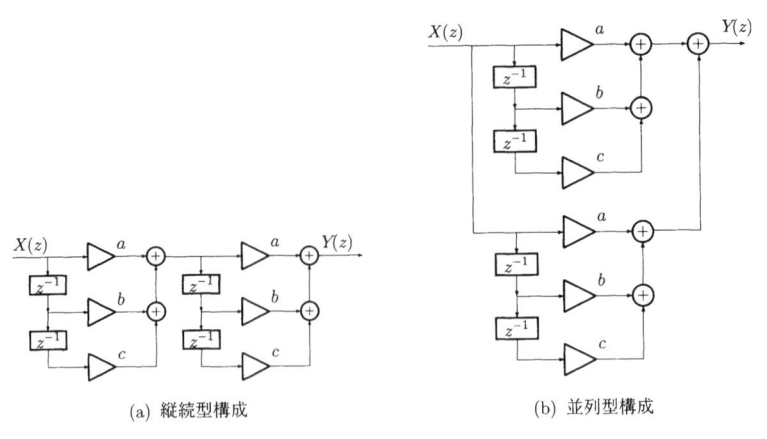

図 4.9　例題 4.9

演習問題

(1) 以下の信号の z 変換を求めよ．

    (a) $x[n] = \delta[n+2] - 2\delta[n] + 2\delta[n-2]$

    (b) $x[n] = u[n]$

    (c) $x[n] = u[n] + 0.5u[n-1]$

    (d) $x[n] = -b^n u[-n-1]$

    (e) $x[n] = \cos(\omega n) u[n]$

(2) 信号 $x[n]$ の z 変換を $X(z)$ とする．以下の信号の z 変換を $X(z)$ を用いて表せ．

    (a) $y[n] = 2x[n]$

    (b) $y[n] = 2x[n-2]$

    (c) $y[n] = 2x[n] + 2x[n-2]$

    (d) $y[n] = (-1)^n x[n]$

(3) 以下のシステムの伝達関数を求めよ．

    (a) $y[n] = x[n] + ax[n-1] + bx[n-2]$

    (b) $y[n] = ax[n] + bx[n-1] - cx[n-2]$

(4) (3) のシステムのハードウェア構成を示せ．

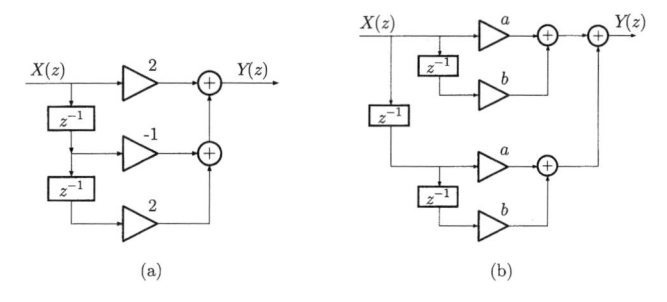

図 **4.10** 演習問題 (5) の説明

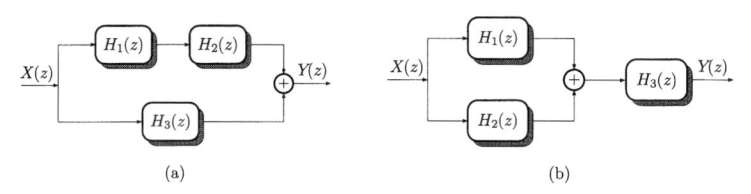

図 **4.11** 演習問題 (7) の説明

(5) 図 4.10 のシステムの伝達関数を求めよ．
(6) 式 (4.14) を証明せよ．
(7) 図 4.11 に示すシステムの伝達関数を，$H_1(z)$, $H_2(z)$ と $H_3(z)$ を用いて表せ．

コラム C　z 変換の収束領域

式 (4.1) の z 変換が定義可能であるためには式 (4.2) の条件を満たす必要がある．z 変換の収束領域とは，この条件を満たす z の値の集合である．一般に z の収束領域は，z 平面の環状領域

$$R_{x-} < |z| < R_{x+} \tag{C.1}$$

と表現される．また，その境界 R_{x-} と R_{x+} は，一般に $X(z)$ の極により与えられる．ここでは，一般的な議論を展開せず，重要な具体例を通して，z 変換の収束領域を説明する．

(1) 有限長信号

有限な整数 n_1, n_2 により，z 変換が

$$X(z) = \sum_{n=n_1}^{n_2} x[n] z^{-n} \tag{C.2}$$

と与える場合を考える．この場合には，式 (4.2) の条件は，

$$|x[n]z^{-n}| < \infty, \quad n_1 \leqq n \leqq n_2 \tag{C.3}$$

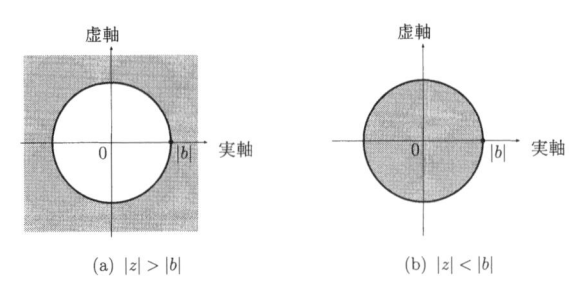

図 **C.1** z 変換の収束領域例 (網かけ部：収束領域)

(a) $|z| > |b|$ (b) $|z| < |b|$

と置き換えられる．したがって，$n_1 > 0$ であれば $z = 0$ を除いた，$n_1 < 0$ であれば $z = \infty$ を除いた値を z は選択することができる．したがって，一般に z の収束領域は

$$0 < |z| < \infty \tag{C.4}$$

と与えられる．

(2) 右側信号

z 変換が

$$X(z) = \sum_{n=n_1}^{\infty} x[n]z^{-n} \tag{C.5}$$

と与えられる場合を考える．例えば，

$$X(z) = \sum_{n=0}^{\infty} b^n z^{-n} \tag{C.6}$$

が一例である．初項 $a \neq 0$，公比 r の等比級数 $\{ar^{n-1}\}$ は $|r| < 1$ に限り収束する．したがって，この z 変換が定義可能であるためには，$|bz^{-1}| < 1$，すなわち $|z| > |b|$ の条件が必要になり，

$$\begin{aligned} X(z) &= \sum_{n=0}^{\infty} b^n z^{-n} \\ &= \frac{1}{1 - bz^{-1}}, \quad |z| > |b| \end{aligned} \tag{C.7}$$

と記述される (図 C.1 (a) 参照)．ただし，上式は等比級数和として整理されている．もし $n_1 \geqq 0$ ではなく，$n_1 < 0$ の場合には，

$$|b| < |z| < \infty \tag{C.8}$$

となる．

(3) 左側信号

$X(z)$ が

$$X(z) = \sum_{n=-\infty}^{n_2} x[n]z^{-n} \tag{C.9}$$

と与えられる場合を考える。例えば，

$$X(z) = \sum_{n=-\infty}^{-1} -b^n z^{-n} \tag{C.10}$$

が一例である．これは，初項 $-b^{-1}z$，公比 $b^{-1}z$ の等比級数である．収束条件は $|z| < |b|$ であり，z 変換は，

$$X(z) = \sum_{n=-\infty}^{-1} -b^n z^{-n} \tag{C.11}$$

$$= \frac{-b^{-1}z}{1-b^{-1}z} = \frac{1}{1-bz^{-1}}, \quad |z| < |b| \tag{C.12}$$

と記述される (図 C.1 (b) 参照)．もし $n_2 > 0$ の場合には，その収束領域は，

$$0 < |z| < |b| \tag{C.13}$$

となる．ここで，式 (C.7) と式 (C.12) を比較してほしい．収束領域を除く，$X(z)$ の値は等しい．換言すると，収束領域の記述なしでは，右側信号と左側信号の2つの可能性があり，z 変換 $X(z)$ から $x[n]$ を一意に復元できないことになる．

z 変換の結果において，$X(z)$ と同時に，その収束領域を記述する必要がある．一方，実際の場面ではこの収束領域の記述を省略することが多い．それは，右側信号や因果性信号を仮定しており，左側信号の存在を前提としないからである．

コラム D　ラプラス変換と z 変換

本章では離散時間信号に対する変換法の1つとして z 変換を紹介した．一方，連続時間信号に対応する変換法としてラプラス変換がある．ここでは，両者の関係を簡単に説明する．

連続時間信号 $x(t)$ のラプラス変換 (両側変換) は

$$X(s) = \int_{-\infty}^{\infty} x(t)e^{-st}dt \tag{D.1}$$

と与えられる．理想サンプリングされたサンプル値信号 (コラム B 参照)

$$x_s(t) = \sum_{n=-\infty}^{\infty} x(nT_s)\delta(t-nT_s) \tag{D.2}$$

を $x(t)$ に代入すると，

$$X_s(s) = \int_{-\infty}^{\infty} \left(\sum_{n=-\infty}^{\infty} x(nT_s)\delta(t-nT_s) \right) e^{-st} dt$$

$$= \sum_{n=-\infty}^{\infty} \int_{-\infty}^{\infty} x(t)\delta(t-nT_s)e^{-st} dt$$

$$= \sum_{n=-\infty}^{\infty} x(nT_s)e^{-nsT_s} \tag{D.3}$$

を得る. ここで,

$$z = e^{sT_s} \tag{D.4}$$

$$X(z) = X_s(s) \tag{D.5}$$

$$x[n] = x(nT_s) \tag{D.6}$$

とおくと, 上式は,

$$X(z) = \sum_{n=-\infty}^{\infty} x[n]z^{-n} \tag{D.7}$$

と整理される. これは, 本章で定義した z 変換である. したがって, サンプル値信号のラプラス変換として z 変換を解釈することができる.

上述の説明は両側ラプラス変換を例にした. 片側ラプラス変換 (積分範囲が 0 から無限大) に対しても同様に展開することができる. そこで得られる z 変換は, 片側 z 変換 (総和の範囲が 0 から無限大) となる.

システムの周波数特性

線形時不変システムは周波数特性という特性を持つ．後述するディジタルフィルタは，この特性に基づき，所望の周波数成分のみを出力するシステムである．本章では，周波数特性の計算法および表示法，入出力信号と周波数特性の関係について述べる．

5.1 周波数特性の導入

3.1 で述べた 3 点移動平均と 9 点移動平均を再び考えよう．$F = 1[\text{Hz}]$ の正弦波を $F_s = 16[\text{Hz}]$ でサンプリングし，3 点移動平均と 9 点移動平均を施した結果を，図 5.1 に再度示す．入力信号に比べ，両者とも大きさと位相に変化がある．さらに，その変化の度合いは，平均回数に依存することがわかる．

これは，移動平均という線形時不変システムが周波数特性を持つからである．システムのインパルス応答や伝達関数が決まると，信号を入力する前に，周波数特性を計算することができ，その特性から出力信号を求めることができる．また逆に，所望の周波数特性を持つように，システムのインパルス応答や伝達関数を設計することも可能である．このことから，種々の入力信号から不要な成分を除去したり，信号波形の整形が可能となる．

5.2 システムの周波数特性

たたみ込みの式より明らかなように，線形時不変システムでは，任意の出力 $x[n]$ に対する出力 $y[n]$ は，インパルス応答 $h[n]$ のみで決定される．システムの周波数特性も，インパルス応答 $h[n]$ を用いて求められる．

5.2.1 周波数特性の計算
(1) 振幅特性と位相特性

(a) 正弦波

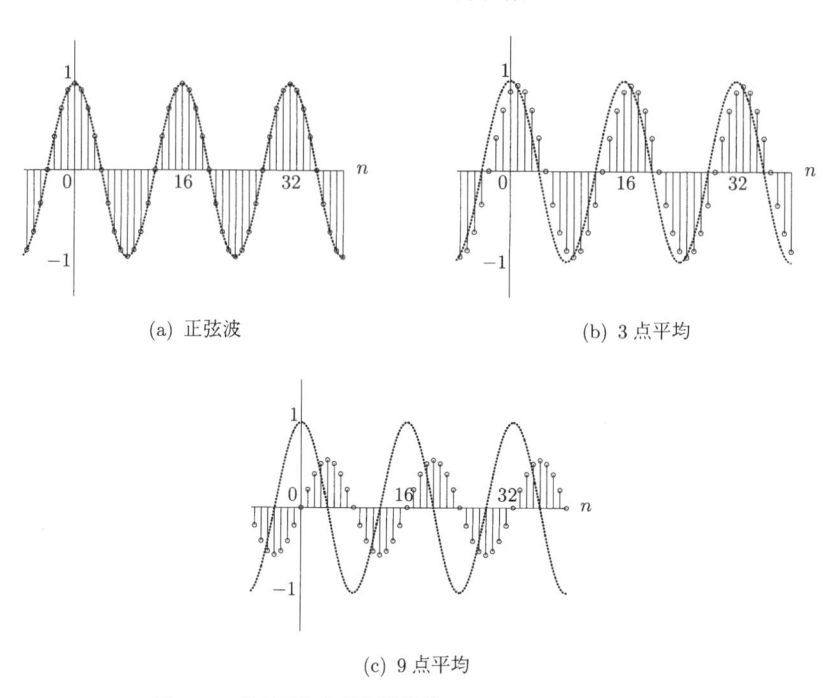

(b) 3 点平均

(c) 9 点平均

図 5.1 移動平均と周波数特性 ($F = 1[\text{Hz}], F_s = 16[\text{Hz}]$)

$x[n] = e^{j\omega n}$ → 線形時不変システム → $y[n] = A(\omega)e^{j(\omega n + \theta(\omega))}$

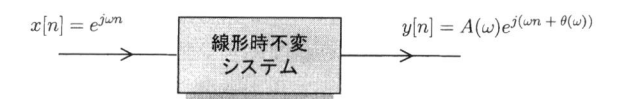

図 5.2 線形時不変システムの入出力関係

線形時不変システムでは,図 5.2 に示すように,正弦波入力に対して同じ周波数を持つ正弦波信号が出力される.すなわち,システムは,正弦波の大きさと位相のみを変えることができる.この大きさと位相の変化が,加えられる正弦波の周波数にどのように依存するかが,そのシステムの周波数特性である.

システムの周波数特性 (frequency characteristic) $H(e^{j\omega})$ は,インパルス応答 $h[n]$ を用いて

$$H(e^{j\omega}) = \sum_{k=-\infty}^{\infty} h[k] e^{-j\omega k} \tag{5.1}$$

と計算される.一般に上式は複素数になるので,周波数特性を大きさ $A(\omega)$ と偏

角 $\theta(\omega)$ に分けた極座標に整理する.すなわち

$$H(e^{j\omega}) = A(\omega)e^{j\theta(\omega)} \tag{5.2}$$

とする.ここで,$A(\omega)$ を**振幅特性** (amplitude characteristic),$\theta(\omega)$ を**位相特性** (phase characteristic) という.

(2) 周波数特性の導出

式 (5.1) の周波数特性を導出しよう.複素正弦波信号 $x[n] = e^{j\omega n} = \cos(\omega n) + j\sin(\omega n)$ を式 (3.13) のたたみ込みの式に代入すると,

$$\begin{aligned} y[n] &= \sum_{k=-\infty}^{\infty} h[k]e^{j\omega(n-k)} \\ &= \left\{ \sum_{k=-\infty}^{\infty} h[k]e^{-j\omega k} \right\} e^{j\omega n} \end{aligned} \tag{5.3}$$

と整理される.さらに,式 (5.1) と式 (5.2) の関係を代入すると

$$\begin{aligned} y[n] &= H(e^{j\omega})e^{j\omega n} \\ &= A(\omega)e^{j(\omega n + \theta(\omega))} \\ &= A(\omega)\cos(\omega n + \theta(\omega)) + jA(\omega)\sin(\omega n + \theta(\omega)) \end{aligned} \tag{5.4}$$

を得る.上式は,図 5.2 に示した入力 $x[n]$ と出力 $y[n]$ の関係と一致する.

以上の結論から次のことがわかる.

- □ 正弦波入力に対して,同じ周波数 (ω) の正弦波が出力される.
- □ 正弦波入力に対して,その大きさ ($A(\omega)$) と位相 ($\theta(\omega)$) のみが変化する.
- □ 大きさ ($A(\omega)$) と位相 ($\theta(\omega)$) の変化は,ω の関数であり,式 (5.1) より求められる.

【例題 5.1】 2 点移動平均を計算する線形時不変システム $y[n] = 1/2(x[n] + x[n-1])$ を考える.以下の問いに答えよ.

(a) インパルス応答 $h[n]$ を求めよ.

(b) 図 5.3 (a) の入力を加えるとき,出力 $y[n]$ を求めよ.

(c) 振幅特性と位相特性を求めよ.

(d) (b) の出力 $y[n]$ は,$y[n] = A\cos(\omega n + \theta)$ と記述される.A,ω および θ をそれぞれ求めよ.

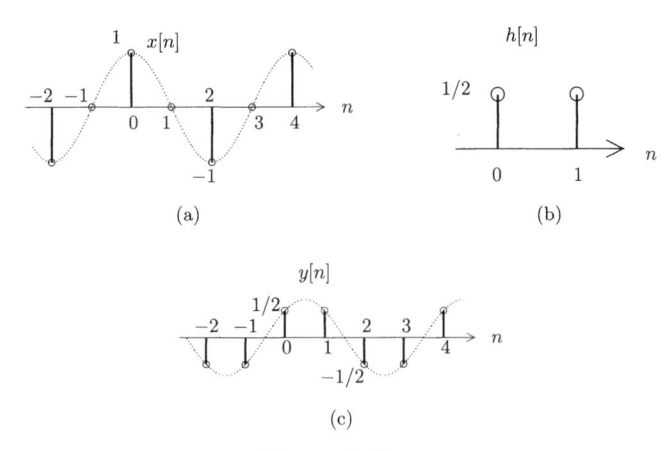

図 5.3 例題 5.1

【解答】 (a) 図 5.3 (b) 参照，FIR システムとなる．(b) 図 5.3 (c) 参照．(c) 式 (5.1) より，

$$H(e^{j\omega}) = 0.5(1 + e^{-j\omega}) = 0.5(e^{j\omega/2} + e^{-j\omega/2})e^{-j\omega/2}$$
$$= \cos(\omega/2)e^{-j\omega/2} \tag{5.5}$$

を得る．ゆえに，振幅特性と位相特性は，それぞれ

$$A(\omega) = \cos(\omega/2) \tag{5.6}$$
$$\theta(\omega) = -\omega/2 \tag{5.7}$$

となり，図 5.4 の特性を得る．

(d) 図 5.3 (a) の正弦波が $\omega = \pi/2$ を持つことに注意すると（例題 3.7 参照），$A(\pi/2) = 1/\sqrt{2}$, $\theta(\pi/2) = -\pi/4$ を得る．したがって，入力 $x[n] = \cos(\pi n/2)$ に対して，図 5.3 (c) の出力は $y[n] = (1/\sqrt{2})\cos(\pi n/2 - \pi/4)$ として記述される（図 5.3 (c) 点線参照）．□

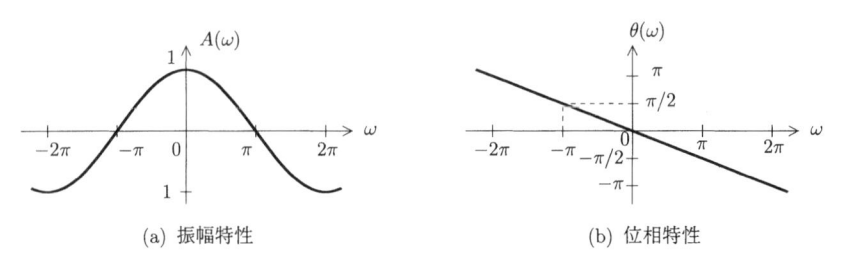

図 5.4 2 点移動平均の周波数特性

5.2 システムの周波数特性

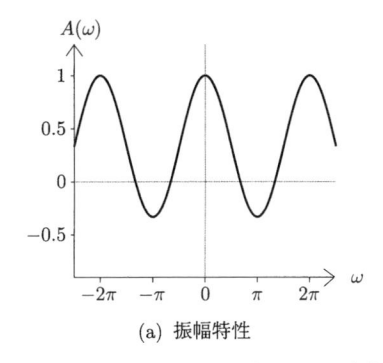

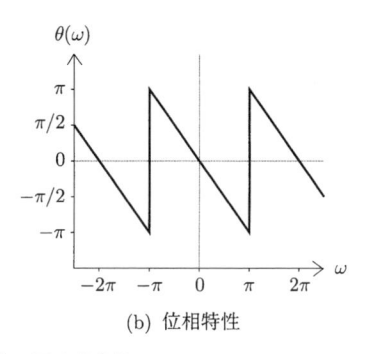

図 5.5 3点移動平均の周波数特性

(a) 振幅特性

(b) 位相特性

【例題 5.2】 3点移動平均のシステム $y[n] = 1/3 \cdot (x[n]+x[n-1]+x[n-2])$ の振幅特性と位相特性を求めよ.

【解答】 このシステムのインパルス応答を式 (5.1) に代入し,オイラーの公式を用いて整理すると,

$$H(e^{j\omega}) = \sum_{k=0}^{2} \frac{1}{3} e^{-j\omega k} = \frac{1}{3}(e^{j\omega} + 1 + e^{-j\omega})e^{-j\omega}$$
$$= \frac{1}{3}(2\cos\omega + 1)e^{-j\omega} \tag{5.8}$$

と周波数特性の極座標表現を得る.ゆえに,振幅特性と位相特性は

$$A(\omega) = \frac{1}{3}(2\cos\omega + 1), \quad \theta(\omega) = -\omega \tag{5.9}$$

となる.このようすを ω を横軸に図に描くと,図 5.5 を得る.ここで,位相特性において $e^{j\pi} = e^{-j\pi}$ であることに注意してほしい.図の描き方には自由度があり,詳細は 5.3.2 で述べる.□

5.2.2 伝達関数と周波数特性

先に述べたように,周波数特性はインパルス応答を用いて計算可能であるが,伝達関数から求めることもできる.

(1) インパルス応答を用いた計算

インパルス応答 $h[n]$ が既知であるとき,式 (5.1) にそれを直接代入することにより,周波数特性を求めることができる.しかし IIR システムでは,この方法は,一般に無限個のインパルス応答を扱う必要があり,容易ではない.そこで,次の方法が広く使用されている.

(2) 伝達関数を用いた計算

伝達関数 $H(z)$ が既知であるとき，その z に $e^{j\omega}$ を代入する．すなわち

$$H(e^{j\omega}) = H(z)|_{z=e^{j\omega}} \tag{5.10}$$

により，周波数特性を求めることができる．

この方法の正当性は，次のように説明される．まず，インパルス応答の z 変換が伝達関数であるので，z 変換の定義を思い出そう (式 (4.1))．この式の $x[n]$ に $h[n]$ を，z に $e^{j\omega}$ を代入すると，式 (5.1) と一致する．すなわち，伝達関数の z に $e^{j\omega}$ を代入した結果と，式 (5.1) を直接計算した結果は一致する．

(3) 時間領域，z 領域と周波数領域

線形時不変システムに関する重要な結論を図 5.6 にまとめる．線形時不変システムの入出力関係は，たたみ込みで与えられた．このようなシステムや信号の表現を**時間領域表現** (time-domain representation) という．システムの時間領域表現において，最も重要な量はインパルス応答 $h[n]$ である．

このシステムの入出力関係を z 変換すると，$Y(z) = H(z)X(z)$ と積の関係で与えられる．システムや信号を z 変換した表現を z **領域表現** (z-domain representation) という．ここで，$H(z)$ はインパルス応答を z 変換したもので，システムの伝達関数と呼んだ．$H(z)$ を逆 z 変換すると，伝達関数からインパルス応答を求めることもできる．

z 領域表現の z に $e^{j\omega}$ を代入すると，$Y(e^{j\omega}) = H(e^{j\omega})X(e^{j\omega})$ の関係を得る．このような表現を**周波数領域表現** (frequency-domain representation) という．また，$H(e^{j\omega})$ を周波数特性と呼んだ．周波数特性 $H(e^{j\omega})$ は，インパルス応答 $h[n]$ から直接求めることもできる (式 (5.1))．時間領域と周波数領域のより厳密

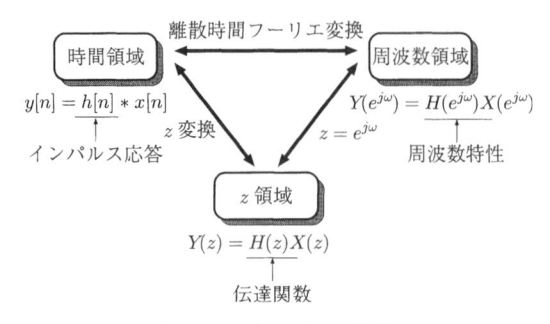

図 **5.6** システムの表現

な関係は，7章で述べる離散時間フーリエ変換により説明される．

以上のように，ディジタル信号では3つの領域を必要に応じて使い分ける．時間領域表現は，実際に信号を処理する際に特に重要であり，周波数領域表現は，信号やシステムの特性の評価および解析において重要である．z領域表現は，システムを簡潔に表現したり，設計する際に使用される．どの領域を用いても，互いに他の領域に表現し直すことが可能であり，表現される情報に差がないことに注意してほしい．

【例題 5.3】 $H(z) = a + bz^{-1} + az^{-2}$ の周波数特性において $\omega = 0$(直流)の振幅特性を 1 にしたい．a と b の関係を導け．

【解答】 周波数特性は $z = e^{j\omega}$ を代入すると，$H(e^{j\omega}) = a + be^{-j\omega} + ae^{-j2\omega}$ となる．さらに $\omega = 0$ を代入すると，$H(e^{j0}) = a + be^{-j0} + ae^{-j20} = 2a + b$ を得る．したがって，振幅値 1 となるための条件は，$2a + b = 1$ となる． □

5.3 周波数特性の表記法

システムの周波数特性は，計算や測定により知ることができる．実際の場面でそれらを有効に活用するためには，周波数特性の特徴や表記法の自由度に関する理解が必要である．

5.3.1 周波数特性の特徴

ここでは，周波数特性の制約に関するいくつかのポイントを補足する．

(1) 周波数特性の周期性

式 (5.1) に $\omega = \omega + 2\pi l$, (l: 整数) を代入しよう．このとき，

$$\begin{aligned} H(e^{j(\omega+2\pi l)}) &= \sum_{k=-\infty}^{\infty} h[k]e^{-jk(\omega+2\pi l)} \\ &= \sum_{k=-\infty}^{\infty} h[k]e^{-jk\omega} \\ &= H(e^{j\omega}) \end{aligned} \quad (5.11)$$

が成立する．

上式は離散時間システムが，$\omega = 2\pi = \Omega T_s$ の関係からサンプリング周波数 $F_s = 1/T_s$ で周期的な周波数特性を持つことを意味する．これは，例題 2.4 で述

べたように，F_s の整数倍だけ離れた周波数を持つ正弦波を，離散時間信号として区別できないことに起因する．連続時間システムの周波数特性は，このような周期性は持たない．

(2) 振幅特性と位相特性の対称性

図 5.4 からもわかるように，振幅特性は $\omega = 0$ で偶対称，すなわち

$$A(\omega) = A(-\omega) \tag{5.12}$$

である．一方，位相特性は奇対称

$$\theta(\omega) = -\theta(-\omega) \tag{5.13}$$

である．

この性質は，インパルス応答が実数値をとるとき，常に成立する (例題 5.4 参照)．したがって，周期性とこの対称性から，インパルス応答が実数のシステムの周波数特性は，$0 \leq \omega < \pi$ の範囲でのみ独立であることがわかる．この結論から，ディジタルシステムが処理の対象とする入力信号の周波数は，一般にサンプリング周波数の半分までである．

(3) 負の周波数

周波数特性を図示する際に，しばしば負の周波数範囲 ($\omega < 0$) でも記述する．この点を次に説明しよう．

正弦波信号 $x(t) = \cos(\Omega t)$ の周波数 $F = \Omega/(2\pi)$ は 1 秒間の周期数に相当し，一般に正の値をとる．しかしオイラーの公式 (コラム A 参照) から，この信号は，複素正弦波信号を用いて

$$\cos(\Omega t) = (e^{j\Omega t} + e^{-j\Omega t})/2 \tag{5.14}$$

と表現される．上式から，正弦波信号の周波数が正の値であっても，対応する複素正弦波信号は負の周波数 $(-\Omega)$ を持つ．

周波数特性は，複素正弦波信号の表現に基づいているので，周波数特性図では負の周波数は意味がある．(2) で述べたように，インパルス応答が実数値をとるとき，振幅特性と位相特性は対称性を持つ．もし対称性を持たなければ，インパルス応答が複素数値であることを意味する．このような対称性の判断において，負の周波数は重要な意味をもつ．

【例題 5.4】 インパルス応答 $h[n]$ が実数値をとるとき，振幅特性が偶対称性，位相特性が奇対称性を持つことを導け．

【解答】 式 (5.1) において $\omega = -\omega$ を代入し,$h[n]$ の実数の仮定のもとで周波数特性の複素共役を求めると,$\overline{H(e^{-j\omega})} = \overline{\sum_{n=-\infty}^{\infty} h[n]e^{j\omega n}} = \sum_{n=-\infty}^{\infty} \overline{h[n]e^{j\omega n}} = \sum_{n=-\infty}^{\infty} h[n]e^{-j\omega n} = H(e^{j\omega})$. ゆえに,$H(e^{j\omega}) = A(\omega)e^{j\theta(\omega)}$ と $\overline{H(e^{-j\omega})} = A(-\omega)e^{-j\theta(-\omega)}$ の関係から $A(\omega) = A(-\omega)$, $\theta(\omega) = -\theta(-\omega)$ の関係が成立する. □

【例題 5.5】 伝達関数 $H(z) = az + b + az^{-1}$ の位相特性を求めよ.

【解答】 $z = e^{j\omega}$ を代入すると,周波数特性は $H(e^{j\omega}) = ae^{j\omega} + b + ae^{-j\omega} = b + 2a\cos(\omega)$ となる.これは実数値であり,位相特性は全ての周波数において零値となることを意味する.このような周波数特性を零位相特性 ($\theta(\omega) = 0$) という.実数値をもつインパルス応答が,偶対称性 ($h[n] = h[-n]$) をもつとき,システムは零位相特性となる.このシステムは,一般に因果性システムとはならない. □

5.3.2 周波数特性の描き方
(1) 振幅特性と位相特性

図 5.5 の 3 点移動平均のシステムを再び例にしよう.このシステムの周波数特性は

$$H(e^{j\omega}) = \frac{1}{3}(2\cos\omega + 1)e^{-j\omega} \tag{5.15}$$

となった.ゆえに,振幅特性と位相特性は

$$A(\omega) = \frac{1}{3}(2\cos\omega + 1), \quad \theta(\omega) = -\omega \tag{5.16}$$

となり,それらを描いたのが,図 5.5 である.ここで,$\theta(\omega) = -\omega$ は原点を通る傾き -1 の直線であるが,$e^{-j\omega} = e^{-j(\omega+2\pi)}$ が成立するので,$-\pi < \theta(\omega) \leq \pi$ の範囲で位相特性を描いている.もちろん,直線として位相特性を描いてもよい.

次に,振幅特性に着目しよう.式 (5.16) の $A(\omega)$ は実数であるが,ω の値によっては負の値となる.一方,振幅特性として周波数特性の絶対値 $A(\omega) = |H(e^{j\omega})|$ を用いてもよい.このとき,図 5.5 の周波数特性図は図 5.7 のように置き換わる.ここで,振幅特性のみならず,位相特性も変化したことに注意してほしい.これは,$-1 = e^{j\pi}$ の関係 $(-|A|e^{j\theta} = |A|e^{j(\theta+\pi)})$ から,振幅を絶対値で定義すると,振幅が負の値をとる周波数範囲で,位相が π[rad] 変化するためである.

(2) 対数表示

図 5.8 は,あるシステムの振幅特性である.同図 (a) は,周波数特性 $H(e^{j\omega})$ から

$$A(\omega) = |H(e^{j\omega})| \tag{5.17}$$

(a) 振幅特性 (b) 位相特性

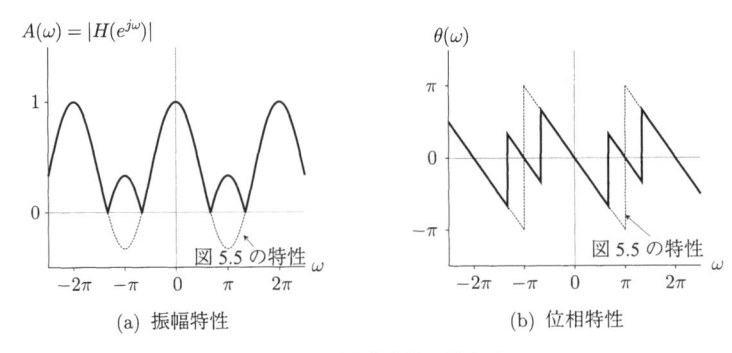

図 5.7 周波数特性の描き方

を図示したものである.一方,同図 (b) は,同じ周波数特性から

$$20\log_{10}|H(e^{j\omega})| \quad [\text{dB}] \tag{5.18}$$

のように常用対数を計算し,その結果を図示したものである.上式のように,対数計算された振幅値は,デシベル [dB] 表示される.指数 $y = 10^x$ と対数 $x = \log_{10} y$ の関係に注意すると,例えば値 $1/100 = 10^{-2}$ は,$20\log_{10}(1/100) = -40[\text{dB}]$ となる.

振幅特性を対数計算に基づき計算し,デシベル表示する主な利点は,次のような点にある.

□ 大きな値と小さな値を同時に図示した場合の,値の読み難さを改善できる.
□ 縦続接続の振幅特性 $A(\omega) = A_1(\omega)A_2(\omega)$ を,$20\log_{10} A(\omega) = 20\log_{10} A_1(\omega) + 20\log_{10} A_2(\omega)$ のように和の形で表現できる.

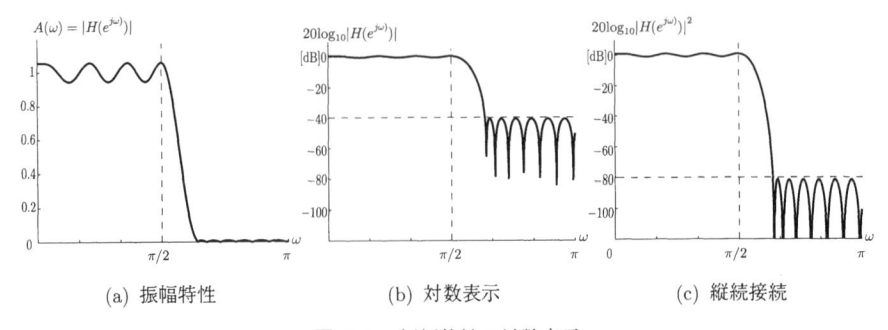

(a) 振幅特性 (b) 対数表示 (c) 縦続接続

図 5.8 振幅特性の対数表示

図 5.8(a) では，値の小さな振幅値は，零値と区別することが困難である．一方，同図 (b) では，その値が -40[dB] であることを容易に読み取ることができる．また同図 (c) は，(b) の特性のシステムを縦続接続した場合の特性である．$(-40) + (-40) = -80$[dB] と，各振幅特性のデシベル表示の和の形である．

【例題 5.6】 以下の値をデシベル表示に直せ．
 (a) $A_1 = 10^{-3}$, (b) $A_2 = 10$, (c) $A = A_1 \times A_2 = 10^{-2}$

【解答】 (a) 式 (5.18) より，$20 \log_{10} A_1 = -60$[dB], (b) $20 \log_{10} A_2 = 20$[dB], (c) $20 \log_{10} A = -60 + 20 = -40$[dB] □

5.4 N 点移動平均

N 点移動平均を計算するシステム
$$y[n] = \frac{1}{N}(x[n] + x[n-1] + \cdots + x[n-N+1]) \tag{5.19}$$
を例にして，線形時不変システムの議論をまとめよう．

5.4.1 移動平均の周波数特性

(1) 伝達関数

N 点移動平均の伝達関数は，上式を z 変換し，$H(z) = Y(z)/X(z)$ を求めると，
$$H(z) = \frac{1}{N}(1 + z^{-1} + z^{-2} + \cdots + z^{-(N-1)}) \tag{5.20}$$
と与えられる．この式は，初項 $1/N$，公比 z^{-1} の等比数列の N 項までの和であると考え，
$$H(z) = \frac{1}{N}(1 - z^{-N})/(1 - z^{-1}) \tag{5.21}$$
と整理することもできる．

(2) 周波数特性

伝達関数に $z = e^{j\omega}$ を代入し，周波数特性を求めてみよう．オイラーの公式を用いて整理すると，

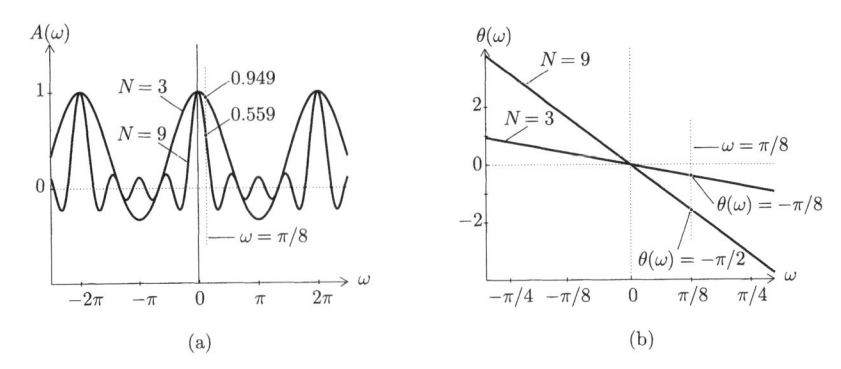

図 5.9 N 点移動平均システムの周波数特性

$$
\begin{aligned}
H(e^{j\omega}) &= \frac{1}{N} \cdot \frac{1 - e^{-j\omega N}}{1 - e^{-j\omega}} \\
&= \frac{1}{N} \cdot \frac{(e^{j\omega N/2} - e^{-j\omega N/2})e^{-j\omega N/2}}{(e^{j\omega/2} - e^{-j\omega/2})e^{-j\omega/2}} \\
&= \frac{1}{N} \cdot \frac{\sin(\omega N/2)}{\sin(\omega/2)} e^{-j\omega(N-1)/2}
\end{aligned}
\quad (5.22)
$$

を得る. ゆえに振幅特性と位相特性は, それぞれ,

$$A(\omega) = (1/N)\sin(\omega N/2)/\sin(\omega/2) \tag{5.23}$$

$$\theta(\omega) = -\omega(N-1)/2 \tag{5.24}$$

となる. 図 5.9 は $N=3$ および $N=9$ の場合の特性である[1]. 平均回数 N が大きいほど, 高い周波数を通し難くなり, 位相のずれが大きくなることがわかる.

【例題 5.7】 $F = 1$[Hz] の正弦波 $x(t) = \cos(2\pi t)$ を $F_s = 16$[Hz] でサンプリングする.

(a) サンプル値信号の正規化表現を求めよ.

(b) 3 点移動平均を施した場合の出力信号 $y[n] = A_1 \cos(\omega n + \theta_1)$ を求めよ.

(c) 9 点移動平均を施した場合の出力信号 $y[n] = A_2 \cos(\omega n + \theta_2)$ を求めよ.

---

[1] $\omega = 0$ のとき, $A(\omega) = 0/0$ と不定形となるが, ド・ロピタルの定理より値は $A(0) = 1$ となる.

(d) 3点移動平均と9点移動平均処理により，出力信号 $y[n]$ は入力 $x[n]$ に比べ何秒遅れるかをそれぞれ示せ．

【解答】 (a) $x[n] = \cos(2\pi n/16) = \cos(\pi n/8)$．(b) 式 (5.23) と式 (5.24) に $N = 3$ および $\omega = \pi/8$ を代入すると，$A_1 = A(\pi/8) \simeq 0.949$，$\theta_1 = \theta(\pi/8) = -\pi/8$ となり $y[n] \simeq 0.949\cos(\pi n/8 - \pi/8)$ を得る (図 5.9 参照)．(c) 同様に $N = 9$ および $\omega = \pi/8$ より $y[n] \simeq 0.559\cos(\pi n/8 - \pi/2)$ を得る．(d) 式 (5.24) より，$(N-1)/2$ 点サンプル遅れる．$T_s = 1/F_s$ より，$N = 3$ では $T_s = 1/16$[sec]，$N = 9$ では $4T_s = 4/16 = 1/4$[sec] 遅れる． □

5.4.2 不要成分の除去

2つの正弦波からなる入力信号

$$x[n] = \cos(\omega_1 n) + \cos(\omega_2 n) \tag{5.25}$$

を線形時不変システムに加える．この時の出力 $y[n]$ は，システムの線形性から

$$y[n] = A(\omega_1)\cos(\omega_1 n + \theta(\omega_1)) + A(\omega_2)(\omega_2 n + \theta(\omega_2)) \tag{5.26}$$

と与えられる．ここで，$A(\omega_1)$ と $A(\omega_2)$ は N 点移動平均処理を仮定すると，式 (5.23) に $\omega = \omega_1$，$\omega = \omega_2$ を代入した値となる．$\theta(\omega_1)$，$\theta(\omega_2)$ も同様に，式 (5.24) から求められる値である．ゆえに，

$$|A(\omega_1)| \gg |A(\omega_2)| \tag{5.27}$$

が成立するならば，

$$y[n] \simeq A(\omega_1)\cos(\omega_1 n + \theta(\omega_1)) \tag{5.28}$$

と考えることができる．

以上のように，いま $\cos(\omega_1 n)$ が重要な情報であるとすれば，線形時不変システムのもつ周波数特性を利用することにより，信号中のそれ以外の成分を除去可能であることがわかる．

演 習 問 題

(1) $x(t) = \cos(2\pi t) + 1$ を $F_s = 4$[Hz] でサンプリングし，$y[n] = \frac{1}{2}\{x[n] - x[n-1]\}$ を実行する．
　(a) $x[n]$，$y[n]$ を n を横軸に図示せよ．
　(b) 振幅特性と位相特性を求めよ．
　(c) $y[n] = A\cos(\omega n + \theta) + K$ と記述される．A, ω, θ, K の値をそれぞれ示せ．

(2) 3 点移動平均処理 $y[n] = \frac{1}{3}\{x[n] + x[n-1] + x[n-2]\}$ を 2 段の縦続接続する．システム全体の振幅特性と位相特性を求めよ．

(3) $H(z) = \frac{K}{3}\{1 + z^{-1} + z^{-2}\}$ のシステムに，$F = 1[\text{Hz}]$ の正弦波 $x(t) = \cos(2\pi t)$ を $F_s = 4[\text{Hz}]$ でサンプリングして加える．出力信号 $y[n]$ を大きさ 1，すなわち $y[n] = \cos(\omega n + \theta)$ と出力したい．K の値を求めよ．

(4) $H(z) = a + bz^{-1} + cz^{-2}$ とし，その周波数特性を $H(e^{j\omega}) = A(\omega)e^{j\theta(\omega)}$ と表示する．ただし，定数 a, b, c は実数とする．
  (a) $H_1(z) = H(z^{-1})$, $H_2(z) = H(-z)$, $H_3(z) = H(z^2)$ を求めよ．
  (b) 上記 $H_1(z), H_2(z), H_3(z)$ の周波数特性を $A(\omega), \theta(\omega)$ を用いて表せ．

(5) $H(z) = \dfrac{c + bz^{-1} + az^{-2}}{a + bz^{-1} + cz^{-2}}$ の振幅特性が $A(\omega) = |H(e^{j\omega})| = 1$ であることを導け．ただし，a, b および c を実数とする．

(6) 以下の値をデシベル値に直せ．
  (a) $A = 1$, (b) $A = 10^{-4}$, (c) $A = 10^4$

(7) $H(z) = a + bz^{-1} + cz^{-2}$ の $\omega = 0$ と $\omega = \pi$ における振幅値を求めよ．

(8) 式 (5.20) の N 点移動平均において，入力に比べ出力信号の遅延時間を 1 秒以内にしたい．最大の N を求めよ．ただし，$F_s = 4[\text{Hz}]$ とする．

(9) $H(z) = 3z^{-6}$ の振幅特性と位相特性を求めよ．

コラム E　連続時間システムの周波数特性

　線形で時不変な連続時間システムに対しても，離散時間システムとほぼ同様の議論を展開することができる．単位インパルス関数 $\delta(t)$ を連続時間システムの入力とした場合の出力として，連続時間システムの**インパルス応答**を定義する．これを，

$$h(t) = T[\delta(t)] \tag{E.1}$$

と記述する．任意の信号 $x(t)$ がインパルス $\delta(t)$ を用いて

$$x(t) = \int_{-\infty}^{\infty} x(\tau)\delta(t-\tau)d\tau \tag{E.2}$$

と記述できる事に注意すると (コラム B 参照)，線形時不変な連続時間システムの入出力関係を，インパルス応答 $h(t)$ を用いて

$$y(t) = \int_{-\infty}^{\infty} x(\tau)h(t-\tau)d\tau = \int_{-\infty}^{\infty} h(\tau)x(t-\tau)d\tau \tag{E.3}$$

と与えることができる．上式を連続時間システムの**たたみ込み**，または**たたみ込み積分** (convolution integral) という．

　以上のように，離散時間システムと同様に，インパルス応答のみの情報を用いて任意の入力に対する出力を決定することができる．式 (E.3) は，しばしば

$$y(t) = x(t) * h(t) = h(t) * x(t) \tag{E.4}$$

と略記される．

コラム E　　連続時間システムの周波数特性

周波数特性 $H(\Omega)$ は，やはりインパルス応答 $h(t)$ を用いて

$$H(\Omega) = \int_{-\infty}^{\infty} h(t)e^{-j\Omega t}dt \tag{E.5}$$

と表現される．この値は一般に複素数値となるので，次のように極座標表示に整理される．

$$H(\Omega) = A(\Omega)e^{j\theta(\Omega)} \tag{E.6}$$

ここで，極座標表示の大きさ $A(\Omega)$ を**振幅特性**，偏角 $\theta(\Omega)$ を**位相特性**という．これらは，式 (E.3) に $x(t) = e^{j\Omega t}$ を代入すると，

$$\begin{aligned} y(t) &= \int_{-\infty}^{\infty} h(\tau)e^{j\Omega(t-\tau)}d\tau = e^{j\Omega t}\int_{-\infty}^{\infty} h(\tau)e^{-j\Omega \tau}d\tau \\ &= H(\Omega)e^{j\Omega t} \\ &= A(\Omega)e^{j(\Omega t+\theta(\Omega))} \end{aligned} \tag{E.7}$$

のように，入出力と関係する．

再帰型システム

5章までのシステムでは，ある時刻の出力値は，それ以前の出力値の影響を受けていない．本章では，フィードバック処理を導入して，以前の出力値を用いてシステムの出力を計算するシステムについて考える．このシステムは複雑な処理を少ない演算量により実行可能であるが，システムの安定性を考慮して使用する必要がある．

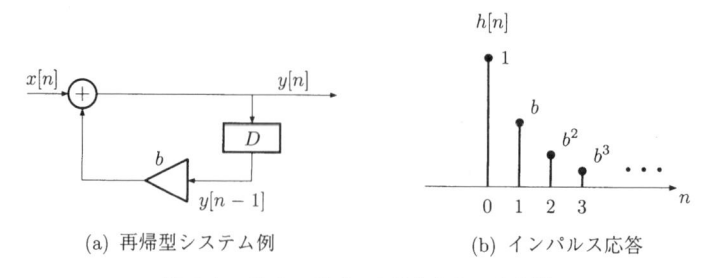

6.1 フィードバックのあるシステム

信号がフィードバックするシステムを紹介する．システムはフィードバックを持つことにより，複雑な処理を効果的に実行することが可能となる．

(1) システム例
いま，システム
$$y[n] = x[n] + by[n-1] \tag{6.1}$$
を考えよう．ここで，b は定数である．この式はたたみ込みではない．なぜなら，たたみ込みの式 (式 (3.11)，式 (3.13)) は，右辺に出力 $y[n]$ の項を持たないからである．このシステムは図 6.1 (a) のように構成される．

(a) 再帰型システム例　　(b) インパルス応答

図 **6.1**　フィードバックのあるシステム例

ここで，出力 $y[n]$ が一度手前に戻ることがわかる．このように，ある時刻での出力結果を用いて後の時刻の出力を求める処理をフィードバック処理，このフィードバック処理を伴うシステムを**再帰型システム** (recursive system) という．一方，フィードバック処理を持たないシステムを**非再帰型システム** (nonrecursive system) という．

次に図 6.1 (a) の構成から，システムのインパルス応答を求めてみよう．入力にインパルス $x[n] = \delta[n]$ を仮定し，信号の流れを考察すると，時刻 $n = 0$ から $1, b, b^2, b^3, \cdots$ と無限に続くインパルス応答が求められる (図 6.1 (b) 参照)．

したがって，このシステムをたたみ込みで表現すると，式 (3.13) から

$$y[n] = \sum_{k=0}^{\infty} b^k x[n-k] \tag{6.2}$$

となる．すなわち，このシステムは，式 (6.1) と式 (6.2) のどちらを用いても入出力関係を記述できることがわかる．

(2) フィードバックの必要性

式 (6.2) の表現を，式 (3.28) と対応させ，システムを実現することを想定しよう．このとき，図 3.14 のようなフィードバックのない構成を考えると，$N = \infty$ であるので，無限個の演算 (乗算，加算，遅延) が必要であり，実現不可能であることがわかる．

しかし，このシステムは，図 6.1 のように，有限個の演算により実現可能である．以上の例から，無限個のインパルス応答を持つシステムは，再帰型システムとして実現する必要があることがわかる．

(3) IIR システムとの関係

システムには，無限個のインパルス応答を持つ IIR システムと，有限個のインパルス応答を持つ FIR システムが存在することを述べた (3.2.3 参照)．

図 6.1 のシステムは IIR システムであり，3 点移動平均を計算するシステムは FIR システムである．IIR システムは再帰型システムとして実現されるが，再帰型システムは IIR システムとは限らない．FIR システムは一般に非再帰型システムとして実現するが，再帰型システムとして実現される場合もある (例題 6.1 参照)．

【例題 6.1】 3 点移動平均システム $H(z) = (1/3)(1 + z^{-1} + z^{-2})$ を再帰型システムとして実現せよ．

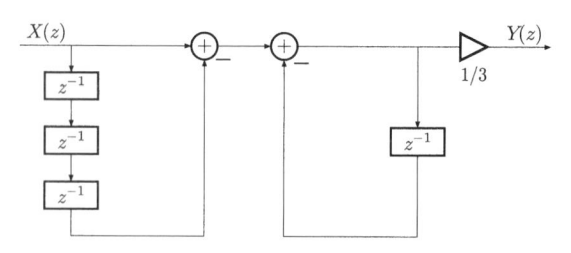

図 **6.2** 3 点移動平均の再帰型実現

【解答】 式 (5.21) より，$H(z) = (1/3)(1 - z^{-3})/(1 - z^{-1})$ と表現される．N 点移動平均を非再帰型システムとして実現すると，$N - 1$ 個の加算器が必要である．一方，再帰型システムとして構成すると，2 個の加算器のみとなる．図 6.2 参照．再帰型システムの伝達関数は 6.3 で詳細に説明される． □

6.2 定係数差分方程式

線形時不変システムはたたみ込みで表現できることを述べた．しかし IIR システムの実現には，たたみ込み表現は，無限の演算が対応して不便であった．ここでは，IIR システムを考える際に便利な表現を紹介しよう．

(1) 定係数差分方程式
いま，システムの入出力関係を

$$y[n] = \sum_{k=0}^{M} a_k x[n - k] - \sum_{k=1}^{N} b_k y[n - k] \tag{6.3}$$

と表現しよう．この表現を**定係数差分方程式** (constant-coefficient difference equation) という．ここで，a_k と b_k は定数である．式 (6.1) は，この定係数差分方程式の特殊な場合に相当する．

たたみ込み表現は無限個のインパルス応答 $h[n]$ を用いて入出力関係を記述した．しかし，上式では有限個の係数 a_k および b_k のみで記述している．また，右辺に出力 $y[n-k]$ がある点が異なる．この表現がフィードバックを与え，IIR システムを有限に表現することを可能にする．

(2) 初期休止条件
式 (6.1) を用いてインパルス応答を求めてみよう．まず，$x[n] = \delta[n]$ を仮定

し，$n=0$ を代入すると，
$$y[0] = \delta[0] + by[-1] \tag{6.4}$$
となる．ここで，$y[-1]$ は入力を加える前の初期状態の値に相当する．いま，$y[-1] = 0$ と仮定すると，
$$\begin{cases} y[0] &= \delta[0] + by[-1] = 1 \\ y[1] &= \delta[1] + by[0] = 0 + b = b \\ y[2] &= \delta[2] + by[1] = 0 + b^2 = b^2 \\ &\vdots \end{cases} \tag{6.5}$$
と引き続き応答を求めることができる．

以上の例で $y[-1] = 0$ を仮定したが，この仮定がないと，このシステムは線形時不変システムに対応しない (例題 6.2 参照)．しかし，たたみ込み表現の代わりに，線形時不変システムの記述法の 1 つとして定係数差分方程式を用いたい．そこで一般に，式 (6.3) に対して入力を加える前に出力はゼロである，すなわち時刻 $n < n_0$ において $x[n] = 0$ ならば，$y[n] = 0$, $n < n_0$ という条件を常に仮定する．これを**初期休止条件** (initial rest condition) とよぶ．この条件の下で，定係数差分方程式は，線形時不変システムを記述することができ，線形定係数差分方程式と呼ばれる．

【例題 6.2】 $y[-1] = 2$ を仮定すると，式 (6.1) のシステムは線形性を満たさないことを示せ．ただし，$b = 1$ とする．

【解答】 $x[n] = \delta[n]$ を代入すると，$n = 0$ で $y[0] = \delta[0] + by[-1] = 3$, を得る．次に，$x[n] = 2\delta[n]$ を代入すると $y[0] = 2\delta[0] + by[-1] = 4$ となる．ゆえに，入力を 2 倍にしても，出力は 2 倍にならないので，線形システムではない． □

【例題 6.3】 システム $y[n] = x[n] + 2x[n-1] - y[n-1]$ のインパルス応答を，$n = 0, 1, 2, 3$ の範囲で求めよ．ただし，初期休止条件を仮定する．

【解答】 $x[n] = \delta[n]$ を代入すると，初期休止条件を仮定すると，$y[0] = \delta[0] + 2\delta[-1] - y[-1] = 1$, $y[1] = \delta[1] + 2\delta[0] - y[0] = 1$, $y[2] = \delta[2] + 2\delta[1] - y[1] = -1$, $y[3] = \delta[3] + 2\delta[2] - y[2] = 1$ を得る． □

(3) 差分方程式の構成

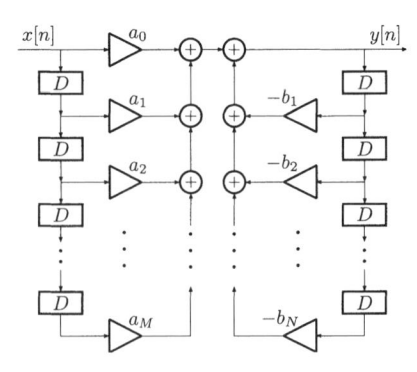

図 **6.3** 差分方程式の構成 (時間領域)

式 (6.3) の線形定係数差分方程式は，たたみ込みの場合と同様に，乗算，加減算および信号のシフトという3種類の演算からなる．そこで，式 (6.3) に対応する構成として図 6.3 の構成を得ることができる．

先に述べたように，システムの構成には自由度があり，1つのシステムに複数の構成法がある．この構成はその一例である．

6.3 再帰型システムの伝達関数と極

フィードバックを持つ再帰型システムの伝達関数を考える．次に伝達関数から極と零点を定義する．

(1) 伝達関数の導出

まず，式 (6.1) のシステムを例にしよう．非再帰型システム (4.3.2) の場合と同様に，時間シフトの性質に注意し，両辺を z 変換すると

$$Y(z) = X(z) + bY(z)z^{-1} \tag{6.6}$$

を得る．次に，$Y(z)$ と $X(z)$ について整理すると

$$Y(z)(1 - bz^{-1}) = X(z) \tag{6.7}$$

となり，伝達関数 $H(z)$ は，式 (4.20) から

$$H(z) = \frac{Y(z)}{X(z)} = \frac{1}{1 - bz^{-1}} \tag{6.8}$$

となる．

(2) 伝達関数の一般形

6.3 再帰型システムの伝達関数と極

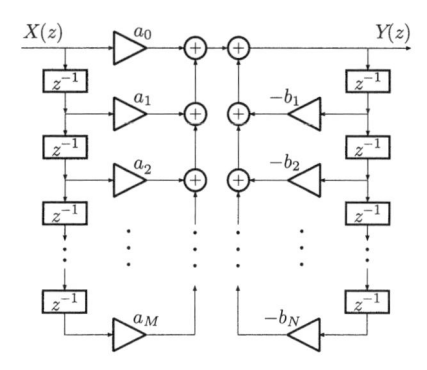

図 6.4 再帰型システムの構成 (z 領域)

定係数差分方程式の一般形 (式 (6.3)) を考えよう．両辺を z 変換すると

$$Y(z) = \sum_{k=0}^{M} a_k z^{-k} X(z) - \sum_{k=1}^{N} b_k z^{-k} Y(z) \tag{6.9}$$

となり，整理すると

$$H(z) = \frac{Y(z)}{X(z)} = \frac{\displaystyle\sum_{k=0}^{M} a_k z^{-k}}{1 + \displaystyle\sum_{k=1}^{N} b_k z^{-k}} \tag{6.10}$$

を得る．これが，再帰型システムの伝達関数の一般形である．ここで，分母，分子の多項式次数である M と N の大きいほうの値を，伝達関数の**次数**という．例えば，式 (6.8) の伝達関数の次数は 1 次である．

このシステムは，z 領域における図 6.4 の構成に対応する．ここで，以下の点に着目してほしい．

- 伝達関数の分子は，式 (6.3) の入力 $x[n-k]$ の係数から決まる．
- 伝達関数の分母は，式 (6.3) の出力 $y[n-k]$ の係数に対応し，図 6.4 のフィードバック項を決定する．
- 全ての b_k が 0 のとき，非再帰型システムに対応する．
- 伝達関数の分母の係数 b_k は，式 (6.3) の $y[n-k]$ の係数 $(-b_k)$ と逆符号である．

最後の特徴は，伝達関数の導出過程からわかるように，$Y(z)$ の移項の際の符号反転に起因する．

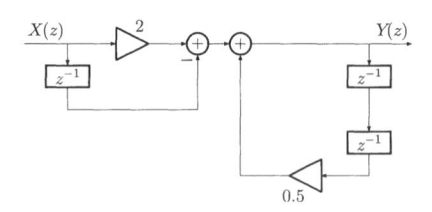

図 6.5　例題 6.4

【例題 6.4】 システム $y[n] = 2x[n] - x[n-1] + 0.5y[n-2]$ の伝達関数を求め，そのシステムを構成せよ．

【解答】 伝達関数 $H(z) = (2 - z^{-1})/(1 - 0.5z^{-2})$ となり，図 6.5 の構成を得る．この伝達関数は次数 2 である．　　□

(3) 伝達関数の極と零点

伝達関数の特徴を調べる際に，しばしば次に定義される伝達関数の極と零点を用いる．

$H(z) = 0$ となる z の値を伝達関数の零点(zero)という．一方，$H(z) = \infty$ となる z の値を伝達関数の極(pole)という．伝達関数

$$H(z) = \frac{1}{1 - bz^{-1}} = \frac{z}{z - b} \tag{6.11}$$

を考える．伝達関数の多くは，z 多項式の比で与えられる．その場合，分子多項式の根は零点に対応し，分母多項式の根は極に対応する．ゆえに上式の伝達関数の零点は $z = 0$ であり，極は $z = b$ となる．これらの値を実数部を横軸に，虚数部を縦軸にとった複素平面に図示すると，図 6.6 を得る．多項式は多項式の次数と等しい個数の根をもつ．したがって高次の伝達関数では，次数に相当する個数の極と零点を持つことになる．

6.3.1　逆 z 変換

ここまでは，離散時間信号 $x[n]$ の z 変換 $X(z)$ について述べてきた．次に，$X(z)$ から $x[n]$ を求める方法について説明する．両者を区別するとき，前者を順 z 変換，後者を逆 z 変換という．ここでは，逆 z 変換の計算法として，$X(z)$ が有理関数(分母，分子がともに z の多項式)の場合に適用できる，べき級数展開

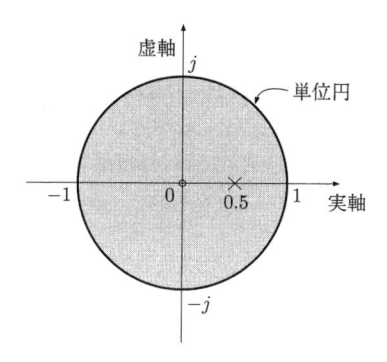

図 **6.6** 極と零点 (○:零点, ×:極, $b = 0.5$)

法と部分分数展開法を紹介する[1].

(1) べき級数展開法

式 (4.1) の z 変換から明らかなように，$X(z)$ が z の多項式 (べき級数) で与えられる場合，離散時間信号 $x[n]$ は，各 z の係数に対応する．したがって，例えば，$X(z) = 1/3 \cdot (1 + z^{-1} + z^{-2})$ の逆 z 変換は

$$x[n] = \mathcal{Z}^{-1}[X(z)] = \frac{1}{3}(\delta[n] + \delta[n-1] + \delta[n-2]) \tag{6.12}$$

と容易に求められる．

次に，$X(z) = 1/(1 - bz^{-1})$ の逆 z 変換を求めよう．これは，べき級数ではないが，等比級数和を整理したものと考えれば，容易に次式のようにべき級数に展開することができる[2].

$$X(z) = \frac{1}{1 - bz^{-1}} = 1 + bz^{-1} + b^2 z^{-2} + b^3 z^{-3} + \cdots \tag{6.13}$$

したがって，上式の逆 z 変換は

$$x[n] = \mathcal{Z}^{-1}[X(z)] = b^n u[n] \tag{6.14}$$

となる．ここで，$u[n]$ は単位ステップ信号である．

このように，z のべき級数に展開し，逆 z 変換を実行する方法をべき級数展開法という．

---

[1] 逆 z 変換の一般形は閉路 C を左周りに線積分として実行される次式により定義される．

$$x[n] = 1/(2\pi j) \oint_C X(z) z^{n-1} dz$$

[2] ここでは，z 変換の収束領域を $|z| > |b|$ と仮定する．これは $x[n]$ を右側信号と仮定することに対応する (コラム C 参照)．

【例題 6.5】 $X(z) = (2 - 3z^{-1})/(1 - 0.5z^{-1})$ の逆 z 変換を求めよ．

【解答】 $X(z)$ は $X(z) = 2/(1 - 0.5z^{-1}) - 3z^{-1}/(1 - 0.5z^{-1})$ と変形される．ゆえに，z 変換の線形性と時間シフトの性質から，式 (6.14) の結果を利用すると

$$x[n] = \mathcal{Z}^{-1}[X(z)] = 2(0.5)^n u[n] - 3(0.5)^{n-1} u[n-1]$$

と与えられる． □

(2) 部分分数展開法

次に，より一般的な関数の逆 z 変換を考えよう．いま，

$$X(z) = \frac{1}{1 - 1.5z^{-1} + 0.5z^{-2}} = \frac{1}{(1 - 0.5z^{-1})(1 - z^{-1})} \tag{6.15}$$

の逆 z 変換を例にする．これは，次のように部分分数展開することができる．

$$X(z) = -\frac{1}{1 - 0.5z^{-1}} + \frac{2}{1 - z^{-1}} \tag{6.16}$$

したがって，z 変換の線形性とべき級数展開法から，上式の逆 z 変換は

$$x[n] = \mathcal{Z}^{-1}[X(z)] = -(0.5)^n u[n] + 2u[n] \tag{6.17}$$

と求められる．

以上のように，高次の関数を部分分数展開すると，複数個の低次の逆変換の問題に帰着することができる．このような解法を部分分数展開法という．

6.4 システムの安定判別

再帰型システムの使用では，システムの安定性に注意する必要がある．したがって，システムの設計や実現は，安定条件を考慮して実行されなければならない．

6.4.1 時間領域の安定判別法

(1) 安定なシステム

安定なシステムとは，すべての時刻において有限な値を持つ任意の入力信号をシステムに加えたとき，すべての時刻において出力の値が必ず有限となるシステムである．この安定性は，有限入力有限出力安定 (Bounded Input Bounded Output Stability, BIBO 安定) といわれる．

線形時不変システムが BIBO 安定であるための必要十分条件は，インパルス応答が絶対加算可能であること，すなわち

$$\sum_{n=-\infty}^{\infty} |h[n]| < \infty \tag{6.18}$$

(2) IIR システムと FIR システム

IIR システムは，無限個のインパルス応答を持つ．したがって上式の条件から，不安定なシステムになる可能性があることがわかる．一方，FIR システムの安定性は保証されている．

再び，図 6.1 のシステムを考えよう．明らかに，このシステムが式 (6.18) の条件を満たすかどうかは，乗算器の値 b に依存する．すなわち，b の大きさが

$$|b| \geq 1 \tag{6.19}$$

であるとき，システムは安定性の条件を満たさず，不安定となる．

(3) 安定性の十分条件の証明

次のように，安定性の条件を証明することができる．いま，すべての n に対して $|x[n]| \leq M$ が成立する定数 M を考える．このとき，たたみ込みの式から，出力 $y[n]$ の大きさに対して次式が成立する．

$$|y[n]| = \left| \sum_{k=-\infty}^{\infty} h[k]x[n-k] \right| \leq M \sum_{k=-\infty}^{\infty} |h[k]| \tag{6.20}$$

ここで，不等式の性質 $|a+b| \leq |a|+|b|$ (a, b: 定数) を用いた．したがって，式 (6.18) の下で，必ず

$$|y[n]| < \infty \tag{6.21}$$

となり，安定性は保証される．

必要条件の証明は紙面の都合で省略する．興味ある読者は試みてほしい．図 6.7 にインパルス応答の例を与え，それらから因果性 (式 (3.10) 参照)，安定性を判

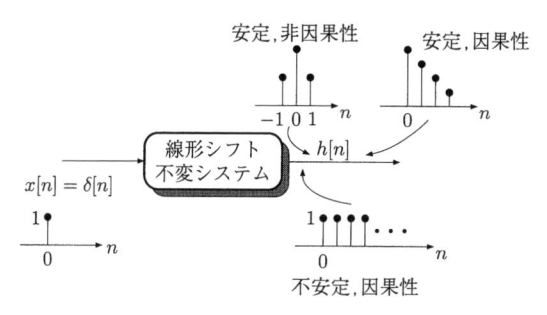

図 **6.7** 因果性，安定性の判別例

定した結果を示している．このように，インパルス応答を観測するだけで，システムの安定性や因果性を知ることができる．

【例題 6.6】 図 6.1 のシステムで $b = 1$ とおく．このシステムに単位ステップ信号 $u[n]$ を入力した場合の出力を求めよ．

【解答】 このシステムは，値 1 が無限に続くインパルス応答を持つ．式 (6.18) の条件は満たさず，不安定なシステムとなる．したがって，有限値の入力に対して無限値を出力する可能性がある．

$y[n] = x[n] + y[n-1]$ に初期休止条件を仮定し，$x[n] = u[n]$ を代入すると

$$\begin{cases} y[0] = u[0] + y[-1] = 1 \\ y[1] = u[1] + y[0] = 2 \\ \quad\vdots \\ y[k] = u[k] + y[k-1] = 1 + k \end{cases}$$

を得る．時間の経過とともに出力 $y[n]$ の値は増加し，無限大の時間経過により無限大の値を出力することがわかる．すなわち，不安定である． □

6.4.2 z 領域の安定判別法

伝達関数の極を用いてシステムの安定判別を行う方法について述べる．インパルス応答による安定判別法は，無限個のインパルス応答を用いる必要がある．伝達関数の極を用いることにより，無限を意識せずに安定判別を行うことができる．

(1) 伝達関数とインパルス応答

伝達関数は，インパルス応答を z 変換したものである．したがって，伝達関数を逆 z 変換すれば，伝達関数からインパルス応答を求めることができる．例えば，$H(z) = 1/(1 - bz^{-1})$ のインパルス応答は，

$$h[n] = b^n u[n] \tag{6.22}$$

となる．したがって，このシステムが安定であるためには，式 (6.18) から

$$|b| < 1 \tag{6.23}$$

であればよい．b の値は伝達関数の極であるから，逆 z 変換を行う前に，極の大きさから同じ結論を導くことは容易である．

(2) 極による安定判別

次に，伝達関数

$$H(z) = \frac{A_1}{1 - b_1 z^{-1}} + \frac{A_2}{1 - b_2 z^{-1}} \tag{6.24}$$

(a) 安定   (b) 不安定

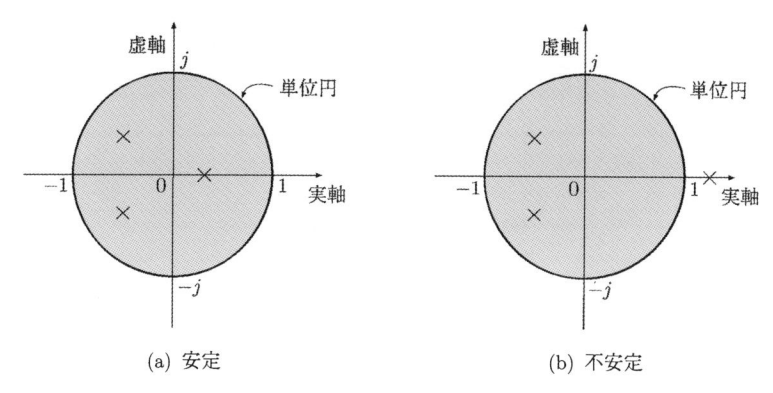

図 **6.8** 安定なシステムの極配置

を考えよう．ここで，A_1 と A_2 は定数である．これは，2次の伝達関数を部分分数展開したものであり，b_1 と b_2 は $H(z)$ の極である．逆 z 変換を行うと，インパルス応答を

$$h[n] = A_1(b_1)^n u[n] + A_2(b_2)^n u[n] \tag{6.25}$$

と求めることができる．したがって，このシステムが安定であるためには

$$|b_1| < 1, \quad |b_2| < 1 \tag{6.26}$$

のように，2つの極の大きさが，ともに1より小さければよい．

以上のように，伝達関数を逆 z 変換する前に，極の大きさを判別することにより，安定なシステムかどうかを知ることができる．結論は，伝達関数のすべての極の絶対値が1より小さいとき，そのシステムは安定となる（図 6.8 参照）[3]．

【**例題 6.7**】 式 (6.15) のシステムの安定性を判別せよ．

【**解答**】 この伝達関数の極は，$z = 0.5$ と $z = 1$ の2つである．ゆえに，$z = 1$ の大きさは1以上であるので，このシステムは不安定である． □

演 習 問 題

(1) 以下のシステムのハードウェア構成を示せ．
 (a) $y[n] = x[n] - ax[n-1] + bx[n-2]$
 (b) $y[n] = x[n] - ax[n-1] - bx[n-2] - cy[n-1] + dy[n-2]$

---
[3] この結論は，システムの因果性を仮定している．すなわち，$h[n] = 0, n < 0$ を仮定する．

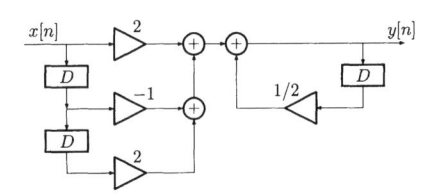

図 6.9 演習問題 (2) の説明

(2) 図 6.9 のシステムを考える．以下の問いに答えよ．
  (a) このシステムの入出力関係を差分方程式として表現せよ．
  (b) インパルス応答を $n = 0, 1, 2, 3, 4, 5$ の範囲で示せ．
  (c) システムの安定性を判別せよ．
(3) 以下のシステムのインパルス応答を求めよ．ただし，初期休止条件を仮定する．
  (a) $y[n] = x[n] + 2x[n-1] - 3x[n-2]$
  (b) $y[n] = x[n] + 2x[n-1] - y[n-1]$
(4) 以下の逆 z 変換を，べき級数展開法と部分分数展開法を用いて求めよ．
  (a) $X(z) = z^2 + 1 + 2z^{-3}$
  (b) $X(z) = \frac{1}{1 - 0.5z^{-1}}$
  (c) $X(z) = \frac{2z^{-1}}{1 - 0.5z^{-1}} + \frac{1}{1 - z^{-1}}$
  (d) $X(z) = \frac{1}{(1 - 0.5z^{-1})(1 - z^{-1})}$
(5) 以下のシステムの伝達関数を求めよ．
  (a) $y[n] = x[n] + ax[n-1] + bx[n-2]$
  (b) $y[n] = x[n] + ax[n-1] - by[n-1]$
  (c) $y[n] = x[n] + ay[n-1] - by[n-2]$
(6) (5) のシステムのハードウェア構成を示せ．
(7) 次の伝達関数の極を求め，安定性を判別せよ．
  (a) $H(z) = 1 + 2z^{-1} + z^{-2}$
  (b) $H(z) = (1 + 2z^{-1})/(2 + z^{-1})$
(8) 図 6.10 のシステムの伝達関数を求めよ．

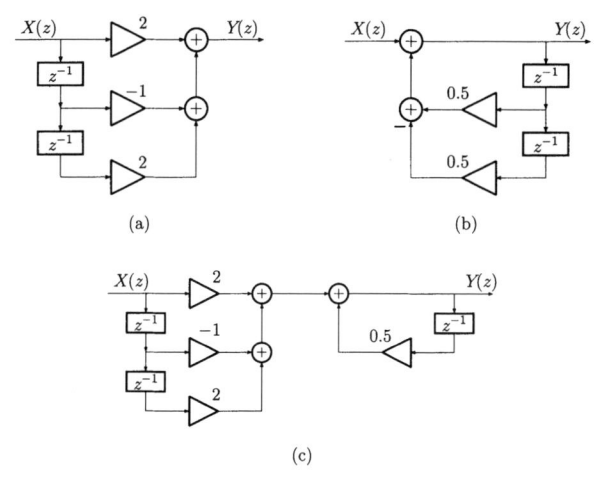

図 **6.10** 演習問題 (8) の説明

7 離散時間信号のフーリエ解析

信号には，一般に様々な情報が含まれている．したがって，情報を有効に活用するためには，信号を解析して信号中の情報を分離し，必要な情報のみを抽出する必要がある．本章では，このような信号を解析するという概念を導入する．紹介するのは，フーリエ解析という解析法である．離散時間信号に対しては，離散時間信号のためのフーリエ解析法が必要である．

7.1 フーリエ解析の導入

ここでは，まずフーリエ解析の基本となる考え方について述べる．次に，フーリエ解析の種類について要約する．

7.1.1 正弦波とフーリエ解析
(1) 正弦波と非正弦波
図 7.1 (a) に示す直流と 2 つの正弦波信号を例にしよう．図 7.1 (b) の信号は，
$$x(t) = x_1(t) + x_2(t) + x_3(t) \tag{7.1}$$
のように 3 つの信号を各時刻で足し合わせたものである．このことから，次の点に注目してほしい．

☐ 周波数の異なる正弦波を合成すると，非正弦波になる．
☐ 非正弦波を複数の正弦波に分解できるかもしれない．

フーリエ解析はこのような観点から信号を分解したり ($x(t)$ から $x_1(t)$, $x_2(t)$, $x_3(t)$ を求める)，合成する方法 (逆に $x(t)$ を求める) である．線形システムでは，重ね合わせが成立するので，このことは，非正弦波の処理を複数個の正弦波の処理に帰着できることを意味する．したがって，特定の周波数の信号のみを残し，他の成分を除去するということが可能になる．

(2) 信号解析の直感的説明
図 7.2 の 3 次元ベクトル空間を考えよう．x 軸方向の単位ベクトル $\bm{e_x}$，同時に y 軸と z 軸方向の単位ベクトルを $\bm{e_y}$, $\bm{e_z}$ で表す．原点から 3 次元空間の任意の

7.1 フーリエ解析の導入

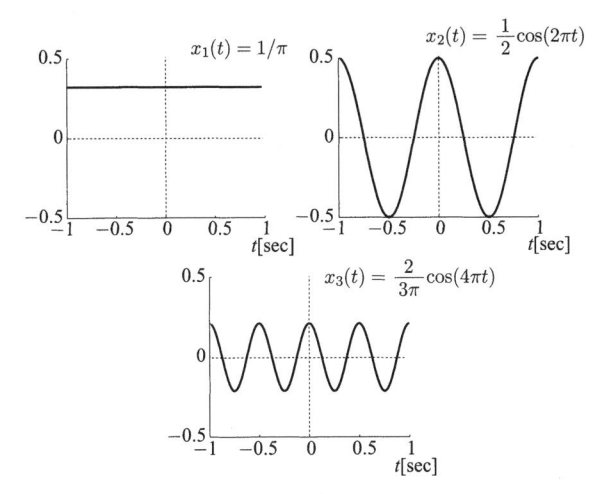

(a) 直流と2種類の正弦波

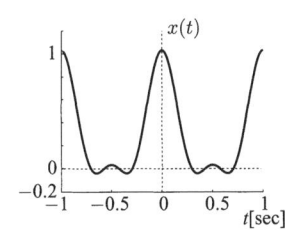

(b) $x(t) = x_1(t) + x_2(t) + x_3(t)$

図 **7.1** 信号の分解と合成

点 (x_0, y_0, z_0) に引いたベクトル A は,

$$A = x_0 e_x + y_0 e_y + z_0 e_z \tag{7.2}$$

と与えられる.また3つの単位ベクトルは,互いに直交し,

$$e_m \cdot e_n = \begin{cases} 0, & m \neq n \\ 1, & m = n \end{cases} \tag{7.3}$$

という性質 (内積に関する性質) を持つ.ここで,m, n は x, y および z のいずれかである.したがって,x 軸方向の成分 x_0 は,

$$x_0 = A \cdot e_x \tag{7.4}$$

と,A と単位ベクトル e_x から求めることができる.y_0 と z_0 も同様に e_y と e_z より求められる.

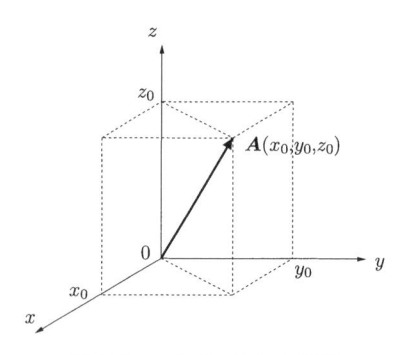

図 **7.2** 3次元ベクトル空間

ここで，明らかに2次元平面では A を正確に表現できず，あるベクトルを表現するには，十分な次元が必要であることがわかる．一般に信号 (関数) は3次元でも表現できず，より一般的な N 次元空間において解析が展開される．フーリエ解析では，単位ベクトルに対応する量 (基底) として，異なる周波数をもつ正弦波 (互いに直交する) を選んでいる．したがって，フーリエ解析によって，信号は周波数の異なる複数の正弦波の成分に分解され表現される．その各成分は**周波数成分**(frequency component) と言われる．

信号解析において，単位ベクトル (基底) の選択は正弦波に限定されるものではない．正弦波以外の基底が選ばれると，フーリエ解析ではなく別の信号解析法になる．その際の成分は周波数成分ではないが，信号の持つ特徴量の1つとして活用される．

7.1.2 フーリエ解析の種類

フーリエ解析にはいくつかの種類がある．解析される信号の違いにより，それらを使い分けなければならない．ここでは，まずフーリエ解析の種類と対象とする信号の関係をまとめておこう．

信号は，図7.3に示すように，離散時間信号か連続時間信号か，またそれぞれについて周期的か非周期的かにより大別される．信号の種類により手法は異なり，表7.1に示す5種類のフーリエ解析法が知られている．対象とする信号が連続時間信号に対しては，**フーリエ変換** (Fourier transform, FT) と**フーリエ級数** (Fourier series, FS) 表現がある．一方，離散時間信号に対しては，**離散時間フーリエ変換** (discrete-time Fourier transform, DTFT) と**離散時間フーリエ級数** (discrete-time Fourier series, DTFS) 表現がある．これら4つのフーリエ解

7.2 離散時間フーリエ級数

```
                    ┌─ 連続時間信号
           ┌─ 周期信号 ─┤   (フーリエ級数)
           │         └─ 離散時間信号
           │            (離散時間フーリエ級数)
  信号 ─────┤         ┌─ 連続時間信号
           │         │   (フーリエ変換)
           └─ 非周期信号 ┤
                     └─ 離散時間信号
                        (離散時間フーリエ変換)
```

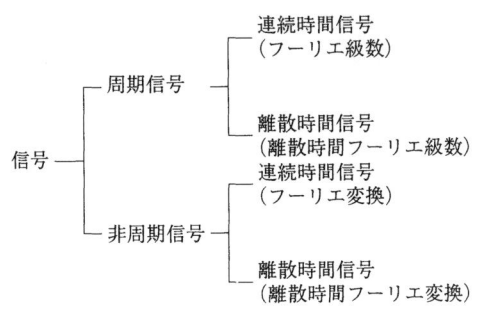

図 **7.3** 信号の分類とフーリエ解析

析法において，DTFS の式が最もコンピュータにより計算し易い形式である．それは積分計算を必要とせず，有限な総和計算のみで実行可能だからである．

DTFS と同様な特徴を持つ**離散フーリエ変換** (discrete Fourier transform, DFT) は，8 章で述べるように，コンピュータを用いてフーリエ解析を実行する際に広く使われている．さらに，DFT の高速計算法として**高速フーリエ変換**(fast Fourier transform, FFT) がある．本章では，DTFS と DTFT について述べる．それ以外のフーリエ解析は，8 章において説明される．

7.2 離散時間フーリエ級数

まず最初に，周期 N を持つ離散時間信号 $x_N[n]$ に対するフーリエ解析から考えよう．

7.2.1 DTFS の定義
(1) DTFS

$x_N[n]$ に対して次式により離散時間フーリエ級数 (DTFS) が定義される．

$$x_N[n] = \frac{1}{N} \sum_{k=0}^{N-1} X_N[k] W_N^{-nk} \tag{7.5}$$

$$X_N[k] = \sum_{n=0}^{N-1} x_N[n] W_N^{nk} \tag{7.6}$$

ただし，

$$W_N = e^{-j2\pi/N} \tag{7.7}$$

である．式 (7.5) は $x_N[n]$ の合成式であり，式 (7.6) は $x_N[n]$ から各周波数成

表 7.1 フーリエ解析の種類

	離散時間信号	連続時間信号
周期信号	$x_N[n] = \dfrac{1}{N}\sum_{k=0}^{N-1} X_N[k]W_N^{-nk}$ $X_N[k] = \sum_{n=0}^{N-1} x_N[n]W_N^{nk}$ 離散時間フーリエ級数 (DTFS)	$x_T(t) = \sum_{k=-\infty}^{\infty} C_k e^{jk\Omega_0 t}$ $C_k = \dfrac{1}{T}\int_0^T x_T(t)e^{-jk\Omega_0 t}dt$ フーリエ級数 (FS)
非周期信号	$x[n] = \dfrac{1}{2\pi}\int_0^{2\pi} X(e^{j\omega})e^{j\omega n}d\omega$ $X(e^{j\omega}) = \sum_{n=-\infty}^{\infty} x[n]e^{-j\omega n}$ 離散時間フーリエ変換 (DTFT) $x[n] = \dfrac{1}{N}\sum_{k=0}^{N-1} X[k]W_N^{-nk}$ $X[k] = \sum_{n=0}^{N-1} x[n]W_N^{nk}$ 離散フーリエ変換 (DFT)	$x(t) = \dfrac{1}{2\pi}\int_{-\infty}^{\infty} X(\Omega)e^{j\Omega t}d\Omega$ $X(\Omega) = \int_{-\infty}^{\infty} x(t)e^{-j\Omega t}dt$ フーリエ変換 (FT) ただし $W_N = e^{-j2\pi/N}$ $\Omega_0 = 2\pi F_0 = 2\pi/T$

分を求める式 (分解式) である.ここで,$W_N^n = e^{-j2\pi n/N}$ は複素正弦波であり,その角周波数は 2π(サンプリング周波数) を $1/N$ 倍した値である (図 7.4 参照).W_N^{nk} は,W_N^n の k 倍の周波数を持つ複素正弦波である.$X_N[k]$ は複素正弦波 W_N^{nk} の周波数成分に相当し,**離散時間フーリエ係数**(discrete-time Fourier series coefficients: DTFS 係数と略記) と呼ばれる.また W_N は,その周期性から,しばしば**回転子**(widdle factor) と呼ばれる.$W_N^{nk} = W_N^{n(k+N)} = W_N^{(n+N)k}$ が成立する.

(2) 周期性

上述の DTFS の定義式より,

$$x_N[n] = x_N[n+N] \tag{7.8}$$
$$X_N[k] = X_N[k+N] \tag{7.9}$$

が成立する.すなわち,周期 N を持つ時間信号 $x_N[n]$ に対して,$X_N[k]$ も周期 N を持つ.したがって独立な値はともに N となる.

(3) 行列表記

7.2 離散時間フーリエ級数

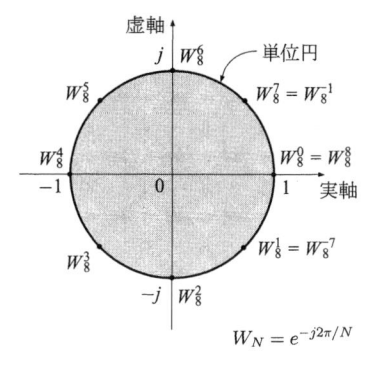

図 7.4 W_N の値 ($N = 8$)

$x_N[n]$ と $X_N[k]$ は N 対 N の変換対である．ゆえに，両者の関係は $N \times N$ の正方行列として表記することもできる．次式は，$N = 4$ の場合の表記である．

$$\begin{bmatrix} x_N[0] \\ x_N[1] \\ x_N[2] \\ x_N[3] \end{bmatrix} = \frac{1}{N} \begin{bmatrix} W_4^0 & W_4^0 & W_4^0 & W_4^0 \\ W_4^0 & W_4^{-1} & W_4^{-2} & W_4^{-3} \\ W_4^0 & W_4^{-2} & W_4^{-4} & W_4^{-6} \\ W_4^0 & W_4^{-3} & W_4^{-6} & W_4^{-9} \end{bmatrix} \begin{bmatrix} X_N[0] \\ X_N[1] \\ X_N[2] \\ X_N[3] \end{bmatrix} \quad (7.10)$$

$$\begin{bmatrix} X_N[0] \\ X_N[1] \\ X_N[2] \\ X_N[3] \end{bmatrix} = \begin{bmatrix} W_4^0 & W_4^0 & W_4^0 & W_4^0 \\ W_4^0 & W_4^1 & W_4^2 & W_4^3 \\ W_4^0 & W_4^2 & W_4^4 & W_4^6 \\ W_4^0 & W_4^3 & W_4^6 & W_4^9 \end{bmatrix} \begin{bmatrix} x_N[0] \\ x_N[1] \\ x_N[2] \\ x_N[3] \end{bmatrix} \quad (7.11)$$

ここで，両者の W_N に関する行列は，複素共役転置の関係にあることを注意してほしい．例えば，式 (7.10) の 3 行 4 列 ($n = 2, k = 3$) の要素 $W_N^{-nk} = W_4^{-6} = W_4^{-2}$ に対して，式 (7.11) の 4 行 3 列 ($n = 3, k = 2$) の要素 W_N^{nk} は，$W_N^{nk} = \overline{W_4^{-6}} = W_4^6$ となる．これは，行列 W_N^{nk} が，一般化された直交行列の性質を持つからである[1]．

【例題 7.1】 $N = 4$ として，$x_4[0] = 1$, $x_4[1] = 0$, $x_4[2] = -1$, $x_4[3] = 0$

---

[1] 実数要素から成る行列 A において，その逆行列 A^{-1} が $A^{-1} = KA^T$ となるとき，A は直交行列である．ただし，K は定数であり，A^T は A の転置行列 (要素における行と列を入れ替えた行列) である．A が複素要素を持ち，$A^{-1} = K\overline{A^T}$ が成立するとき，A をユニタリ行列という．W_N^{nk} はこの性質を持つ．

に対して，DTFS 係数を求めよ．

【解答】式 (7.11) より，

$$\begin{bmatrix} X_4[0] \\ X_4[1] \\ X_4[2] \\ X_4[3] \end{bmatrix} = \begin{bmatrix} 1 & 1 & 1 & 1 \\ 1 & -j & -1 & j \\ 1 & -1 & 1 & -1 \\ 1 & j & -1 & -j \end{bmatrix} \begin{bmatrix} 1 \\ 0 \\ -1 \\ 0 \end{bmatrix} = \begin{bmatrix} 0 \\ 2 \\ 0 \\ 2 \end{bmatrix} \tag{7.12}$$

□

【例題 7.2】 $W_N^0 + W_N + W_N^2 + \cdots + W_N^{N-1} = 0$ が成立することを示せ．

【解答】初項 1，公比 W_N の等比数列の N 項の和となるので，

$$(1 - W_N^N)/(1 - W_N) = (1 - 1)/(1 - W_N) = 0. \tag{7.13}$$

□

【例題 7.3】 $(1/N)\sum_{n=0}^{N-1} W_N^m W_N^{-n} = \begin{cases} 0, & m \neq n \\ 1, & m = n \end{cases}$ を導け

【解答】$m \neq n$ では，例題 7.2 より 0 となる．$m = n$ の時，$W_N^{m-n} = W_N^0 = 1$ となり，その総和は N となる．DTFS では，このような性質を持つ W_N を変換の基底として選んでいる．
□

7.2.2 信号の周波数領域表現

信号は時間関数として横軸に時間 (t または n) をとり，時間波形として表現されることが多い．一方，横軸に周波数 (F または k) をとり，信号を表現することもできる．DTFS を例にして，その原理と有用性を説明する．

(1) 余弦波例

大きさ A の $\omega = \pi/2$ の余弦波信号

$$\begin{aligned} x_N[n] &= A\cos(\pi n/2) \\ &= \frac{A}{2}e^{j\pi n/2} + \frac{A}{2}e^{-j\pi n/2} \end{aligned} \tag{7.14}$$

を例にしよう．上式は，オイラーの公式より整理されている．これは，図 7.5 (a) のように時間 n を横軸に図示される．正規化角周波数 $\omega = 2\pi f = \pi/2$ を持つこの信号は，$f = F/F_s$ (式 (2.11)) から，例えば $F = 1$[Hz] を $F_s = 4$[Hz] で，あるいは $F = 1$[kHz] を $F_s = 4$[kHz] でサンプリングしたものと考えることができる．$x_N[n] = x_N[n + 4]$ より，この信号は周期 $N = 4$ を持つ．

図 **7.5** $x_N[n] = \cos(\pi n/2)$

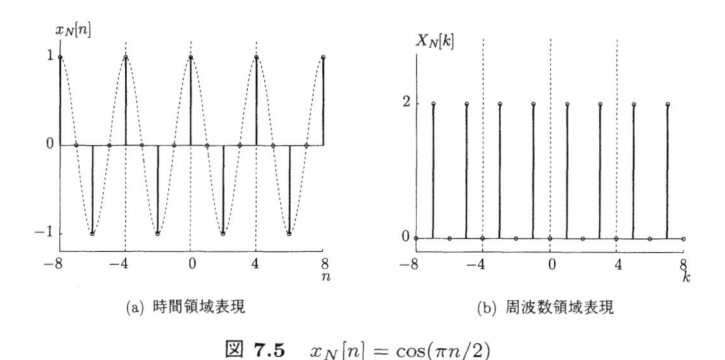

例題 7.1 と式 (7.5) から，

$$x_N[n] = 1/4 \sum_{k=0}^{3} X_4[k] W_4^{-nk}$$
$$= 1/4 \cdot X_4[1] W_4^{-n} + 1/4 \cdot X_4[-1] W_4^n$$
$$= 1/2 \cdot W_4^{-n} + 1/2 \cdot W_4^n \tag{7.15}$$

と表現される．$W_4^n = e^{-j\pi n/2}$ に注意すると，上式は $A = 1$ とおいた式 (7.14) と一致する．図 7.5 (b) は，DTFS 係数 $X_N[k]$ を周波数パラメータである k を横軸に図示したものである．同図 (a) は，信号の時間領域表現であり，同図 (b) は，周波数領域表現である．正弦波分解に基づく各周波数成分を，このように，周波数を横軸に図示する形式により，信号を表現することもできる．これを**周波数スペクトル**(frequency spectrum) という．図 7.5 の (a) と (b) は，DTFS の関係のもとで，全く同じ情報を表現している．

(2) 正弦波例

次に正弦波 $x_N[n] = A\sin(\pi n/2)$ を考えよう (図 7.6 (a) 参照)．1 周期中のサンプル値 $(0, 1, 0, -1)$ を式 (7.6) に代入すると DTFS 係数 $X_4[k]$, $k = 0, 1, 2, 3$ として $(0, -2j = 2e^{-j\pi/2}, 0, 2j = 2e^{j\pi/2})$ を得る．DTFS 係数 $X_N[k]$ は一般に複素数となる．そこで

$$X_N[k] = A_N[k] e^{j\theta[k]} \tag{7.16}$$

のように極座標表示に整理し，$X_N[k]$ を図 7.6 (b) のように図示する．周波数成分が複素数である場合は，周波数スペクトルは**振幅スペクトル**(amplitude spectrum)$A_N[k]$ と**位相スペクトル**(phase spectrum)$\theta[k]$ に分離し図示される．

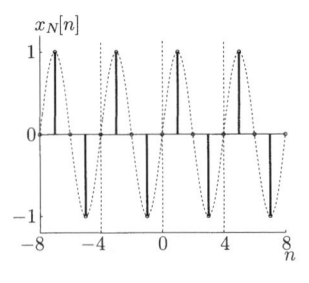

(a) 時間領域表現

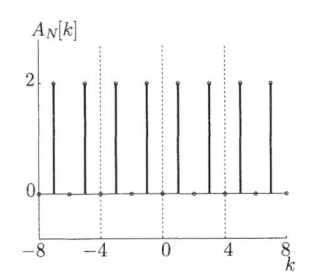

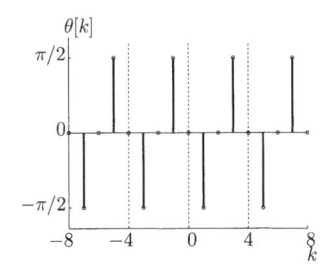

(b) 周波数領域表現

図 **7.6** $x_N[n] = \sin(\pi n/2)$

図 7.5 (位相スペクトルは 0) と図 7.6 の比較から，正弦波と余弦波の違いは位相のみであることがわかる．

(3) 周波数領域表現の有用性

図 7.7 (a) の信号 $x_N[n]$ を考えよう．周期 $N = 8$ であることがわかるが，この信号がどのような性質を持つかを $x_N[n]$ から考えることは難しい．

この信号は図 7.7 (b) のスペクトルを持つ．この時点で，DTFS 係数 $X_N[k] = A_N[k]e^{j\theta[k]}$ を図から読み取り (例えば，$X_N[2] = 8e^{j\pi/4}$)，式 (7.5) に代入すると，

$$x_N[n] = \frac{1}{8}\sum_{k=0}^{7} X_N[k]W_N^{-nk}$$
$$= 1 + 2W_N^{-n} + e^{j\pi/4}W_N^{-2n} + e^{-j\pi/4}W_N^{-6n} + 2W_N^{-7n} \quad (7.17)$$

を得る．さらに，$W_N^{-7n} = W_N^n = e^{-j\pi n/4}$，$W_N^{-6n} = W_N^{2n} = e^{-j\pi n/2}$ であるこ

7.2 離散時間フーリエ級数

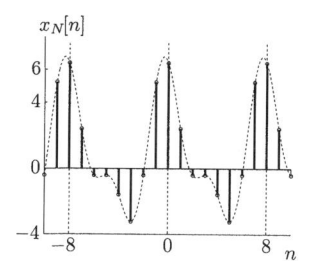

(a) 時間領域表現

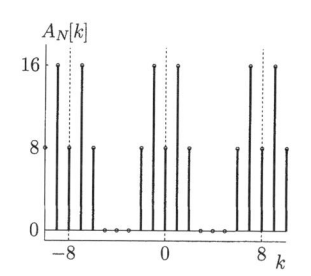

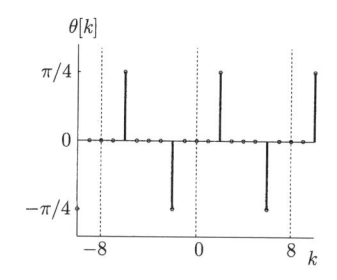

(b) 周波数領域表現

図 **7.7** 時間領域と周波数領域

とに注意し，オイラーの公式で整理すると，

$$x_N[n] = 1 + 2(e^{j\pi n/4} + e^{-j\pi n/4}) + (e^{j(\pi n/2 + \pi/4)} + e^{-j(\pi n/2 + \pi/4)})$$
$$= 1 + 4\cos(\pi n/4) + 2\cos(\pi n/2 + \pi/4) \tag{7.18}$$

と与えられる．ゆえに図 7.7 (a) の信号 $x_N[n]$ は，直流成分と，$\omega = \pi/4$ と $\omega = \pi/2$ の 2 つの正弦波の合成信号であることがわかる．このような信号解析により，必要な周波数成分のみを信号中から抽出する等の操作を行うことが可能となる．

【例題 7.4】 図 7.7 (b) において $k = 1, 2, 3$ は，それぞれ何 [Hz] の周波数に対応するかを示せ．ただし，$F_s = 8 [\text{kHz}]$ とする．

【解答】 $k = 1$ は，$F_s/N = 1 [\text{kHz}]$ となる．同様に $k = 2$ では $2F_s/N = 2 [\text{kHz}]$，$k = 3$ は $3 [\text{kHz}]$ に対応するパラメータである． □

7.3 離散時間フーリエ変換

非周期的な離散時間信号 $x[n]$ に対するフーリエ解析を考える.

7.3.1 DTFTの定義

(1) DTFT

離散時間信号 $x[n]$ に対して離散時間フーリエ変換 (DTFT) が次式により定義される.

$$x[n] = \frac{1}{2\pi} \int_0^{2\pi} X(e^{j\omega}) e^{j\omega n} d\omega \tag{7.19}$$

$$X(e^{j\omega}) = \sum_{n=-\infty}^{\infty} x[n] e^{-j\omega n} \tag{7.20}$$

DTFS 係数 $X_N[k]$ は,周波数に関して周期的で離散的なスペクトルを与えたのに対して, $X(e^{j\omega})$ は,周期的 ($X(e^{j\omega}) = X(e^{j(\omega+2\pi)})$) ではあるが,連続的なスペクトルを与える.前者を**線スペクトル**(line spectrum) または**離散スペクトル**(discrete spectrum), 後者を**連続スペクトル**(continuous spectrum) という.

(2) z 変換との関係

$x[n]$ の z 変換

$$X(z) = \sum_{n=-\infty}^{\infty} x[n] z^{-n} \tag{7.21}$$

を思い出そう.ここで $z = e^{j\omega}$ を代入すると,上式は,式 (7.20) と一致する.すなわち,

$$X(e^{j\omega}) = X(z)|_{z=e^{j\omega}} \tag{7.22}$$

の関係があり,DTFT は z 変換の特別な場合であることがわかる.

【例題 7.5】 図 7.8 (a) の信号の DTFT, $X(e^{j\omega})$ を求めよ.

【解答】 式 (5.22) より, $X(e^{j\omega}) = 1/M \cdot \sin(\omega M/2)/\sin(\omega/2) \cdot e^{-j\omega(M-1)/2}$ を得る.図 7.8 (b) は,このスペクトル $X(e^{j\omega}) = A(\omega) e^{j\theta(\omega)}$ より,振幅スペクトル $A(\omega)$ と位相スペクトル $\theta(\omega) = -\omega(M-1)/2$ を図示したものである ($M = 9$). ともに連続スペクトルになる.
□

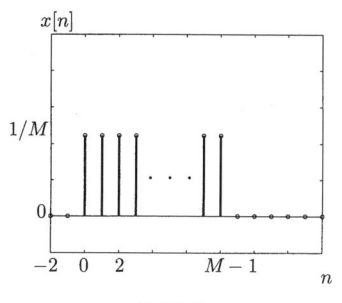

(a) 時間信号 $x[n]$

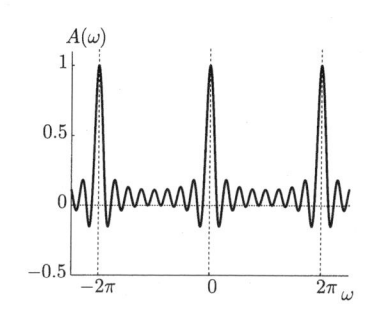

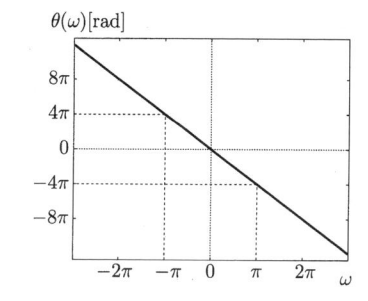

(b) 周波数スペクトル ($M = 9$)

図 **7.8** DTFT の計算例 ($M = 9$)

7.3.2 DTFS との関係

図 7.9 (a) の信号を考えよう．この信号 $x_N[n]$ は，図 7.8 (a) の信号 $x[n]$ に周期 N, $(N \geq M)$ を仮定することにより，容易に生成可能である．すなわち，

$$x_N[n] = \sum_{k=-\infty}^{\infty} x[n+kN] \tag{7.23}$$

の関係にある．$x_N[n]$ は DTFS, $x[n]$ は DTFT により周波数領域表現されるが，両者には密接な関係がある．

いま，$n = 0, \cdots, M-1$ 以外の n において，$x[n] = 0$ を仮定すると，式 (7.20) より $x[n]$ の DTFT は，

$$X(e^{j\omega}) = \sum_{n=0}^{M-1} x[n]e^{-j\omega n} \tag{7.24}$$

と表される．また，

$$x[n] = x_N[n], \quad n = 0, \cdots, M-1 \tag{7.25}$$

(a) 周期信号 $x_N[n]$

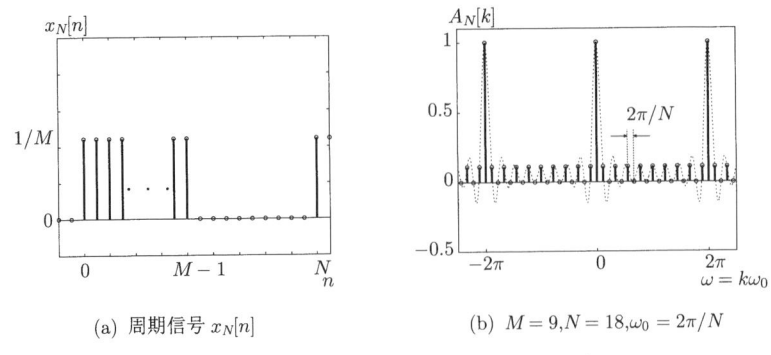

(b) $M = 9, N = 18, \omega_0 = 2\pi/N$

図 **7.9** DTFS と DTFT($M = 9, N = 18$)

が成立する．したがって，$x_N[n]$ の DTFT 係数は，式 (7.6) より，

$$X_N[k] = \sum_{n=0}^{M-1} x_N[n] W_N^{nk}$$
$$= \sum_{n=0}^{M-1} x[n] W_N^{nk} = X(e^{j\omega})|_{\omega=2\pi k/N} \qquad (7.26)$$

となる．これは，$X_N[k]$ が連続スペクトル $X(e^{j\omega})$ の周波数サンプル値 (1 周期 2π を N 等分した周波数での値) となることを意味する．すなわち，$x[n]$ に対して時間領域において周期 N を仮定することは，1 周期を N 等分するような周波数の離散化処理に相当する．

【例題 7.6】 $F_s = 1[\text{kHz}]$ でサンプリングされた信号 $x[n]$ に対して，そのスペクトル $X(e^{j\omega})$ を 10[Hz] の細かさで DTFS として計算したい．仮定される周期 N を求めよ．

【解答】 スペクトルは F_s で周期的となる．したがって，10[Hz] は $F_s = 1[\text{kHz}]$ の 1/100 なので，$N = 100$ と選ぶ． □

【例題 7.7】 図 7.9 (a) の信号 $x_N[n]$ の DTFS 係数を求めよ．

【解答】 式 (7.6) と，等比数列和に注意すると，

$$\begin{aligned}
X_N[k] &= \sum_{n=0}^{N-1} x_N[n] W_N^{nk} = 1/M \sum_{n=0}^{M-1} W_N^{nk} = 1/M \cdot \frac{1 - W_N^{Mk}}{1 - W_N^k} \\
&= 1/M \frac{1 - e^{-j2\pi Mk/N}}{1 - e^{-j2\pi k/N}} = 1/M \cdot \frac{(e^{j\pi Mk/N} - e^{-j\pi Mk/N})e^{-j\pi Mk/N}}{(e^{j\pi k/N} - e^{-j\pi k/N})e^{-j\pi k/N}} \\
&= 1/M \cdot \frac{\sin(\pi Mk/N)}{\sin(\pi k/N)} \cdot e^{-j\pi(M-1)k/N}
\end{aligned}$$

を得る．これは例題 7.5 の結果である $X(e^{j\omega}) = 1/M \cdot \sin(\omega M/2)/\sin(\omega/2) \cdot e^{-j\omega(M-1)/2}$ に $\omega = 2\pi k/N$ を代入したものと一致する (図 7.9 (b) 参照)．

□

7.4 DTFT の性質

実際の場面でフーリエ解析を使いこなすためには，その性質を理解する必要がある．本節では，離散時間フーリエ変換 (DTFT) を例にしてその性質を説明する．

表 7.2 に DTFT の代表的な性質をまとめる．以下では，特に重要ないくつかの性質について述べる．また表現を簡潔にするために，信号 $x[n]$ とその DTFT $X(e^{j\omega})$ の関係を

$$x[n] \leftrightarrow X(e^{j\omega}) \tag{7.27}$$

または

$$X(e^{j\omega}) = \mathcal{F}[x[n]] \tag{7.28}$$

$$x[n] = \mathcal{F}^{-1}[X(e^{j\omega})] \tag{7.29}$$

と略記する．

まず，以下の3つの性質が，z 変換と DTFT の関係から容易に導かれる．

(1) 線形性

任意の2つの信号 $x_1[n]$，$x_2[n]$ の DTFT をそれぞれ $X_1(e^{j\omega}) = \mathcal{F}[x_1[n]]$，$X_2(e^{j\omega}) = \mathcal{F}[x_2[n]]$ とする．このとき，

$$ax_1[n] + bx_2[n] \leftrightarrow aX_1(e^{j\omega}) + bX_2(e^{j\omega}) \tag{7.30}$$

が成立する．ここで，a および b は任意の定数である．この性質を線形性という．

(2) 時間シフト

信号 $x[n]$ の DTFT が $X(e^{j\omega}) = \mathcal{F}[x[n]]$ であるとき，

$$x[n-k] \leftrightarrow X(e^{j\omega})e^{-j\omega k}, \quad (k : 任意の整数) \tag{7.31}$$

表 **7.2** 離散時間フーリエ変換の性質

性質	時間領域	周波数領域
1. 周期性	$x[n]$	$X(e^{j\omega}) = X(e^{j(\omega+2\pi)})$
2. 線形性	$ax_1[n] + bx_2[n]$	$aX_1(e^{j\omega}) + bX_2(e^{j\omega})$
3. 時間シフト	$x[n-k]$	$X(e^{j\omega})e^{-j\omega k}$
4. たたみ込み（時間）	$\sum_{k=-\infty}^{\infty} x_1[k]x_2[n-k]$	$X_1(e^{j\omega})X_2(e^{j\omega})$
5. たたみ込み（周波数）	$x_1[n]x_2[n]$	$\dfrac{1}{2\pi}\displaystyle\int_0^{2\pi} X_1(e^{j\theta})X_2(e^{j(\omega-\theta)})d\theta$
6. 周波数シフト	$x[n]e^{j\omega_0 n}$	$X(e^{j(\omega-\omega_0)})$
7. スペクトルの対称性	$x[n]$ が実数	$A(\omega)=A(-\omega),\ \theta(\omega)=-\theta(-\omega)$
8. パーセバルの定理	$\displaystyle\sum_{n=-\infty}^{\infty}|x[n]|^2 = \dfrac{1}{2\pi}\displaystyle\int_{-\pi}^{\pi}|X(e^{j\omega})|^2 d\omega$	

ただし, a, b は定数, $\bar{X}(e^{j\omega})$ は $X(e^{j\omega})$ の複素共役

が成立する.

(3) たたみ込み

任意の 2 つの信号 $x_1[n]$, $x_2[n]$ の DTFT をそれぞれ $X_1(e^{j\omega}) = \mathcal{F}[x_1[n]]$, $X_2(e^{j\omega}) = \mathcal{F}[x_2[n]]$ とする. このとき, 両者がたたみ込みの関係にあるとき,

$$\sum_{k=-\infty}^{\infty} x_1[k]x_2[n-k] \leftrightarrow X_1(e^{j\omega})X_2(e^{j\omega}) \tag{7.32}$$

が成立する.

さらに, 2 つの性質について補足しておく.

(4) 周波数シフト

信号 $x[n]$ の DTFT が $X(e^{j\omega}) = \mathcal{F}[x[n]]$ であるとき,

$$x[n]e^{j\omega_0 n} \leftrightarrow X(e^{j(\omega-\omega_0)}) \tag{7.33}$$

が成立する. ここで, ω_0 は任意の角周波数である.

この性質は, 次のように導かれる. $x[n]e^{j\omega_0 n}$ を式 (7.20) に代入し, $x[n]e^{j\omega_0 n}$ を DTFT すると,

$$\sum_{n=-\infty}^{\infty} x[n]e^{j\omega_0 n}e^{-j\omega n} = \sum_{n=-\infty}^{\infty} x[n]e^{-j(\omega-\omega_0)n}$$
$$= X(e^{j(\omega-\omega_0)}) \tag{7.34}$$

を得る (例題 7.8 参照).

(5) 周波数スペクトルの対称性

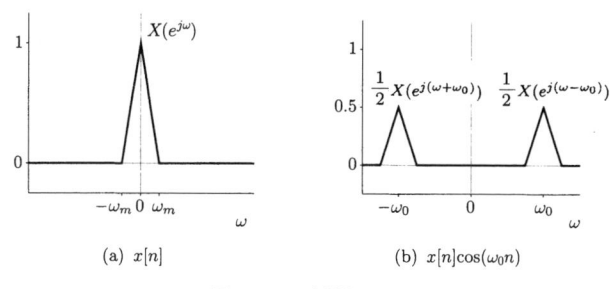

図 7.10 例題 7.8

信号 $x[n]$ の DTFT が $X(e^{j\omega}) = A(\omega)e^{j\theta(\omega)} = \mathcal{F}[x[n]]$ であるとする．振幅スペクトル $A(\omega)$ と位相スペクトル $\theta(\omega)$ は，信号 $x[n]$ が実数値であるとき，

$$A(\omega) = A(-\omega) \tag{7.35}$$
$$\theta(\omega) = -\theta(-\omega) \tag{7.36}$$

が成立する (5.3.1 参照)．

【例題 7.8】 信号 $x[n]$ の DTFT が $X(e^{j\omega}) = \mathcal{F}[x[n]]$ であるとする．このとき，$x[n]\cos(\omega_0 n)$ の DTFT を求めよ．

【解答】 周波数シフトの性質，線形性およびオイラーの公式 $\cos(\omega_0 n) = (e^{j\omega_0 n} + e^{-j\omega_0 n})/2$ から，

$(1/2)x[n]e^{j\omega_0 n} + (1/2)x[n]e^{-j\omega_0} \leftrightarrow (1/2)X(e^{j(\omega-\omega_0)}) + (1/2)X(e^{j(\omega+\omega_0)})$

を得る．図 7.10 は，以上の関係を説明している． □

演 習 問 題

(1) 離散時間信号 $x[n]$ の DTFT を図 7.11 とする．以下の信号の DTFT を図示せよ．
   (a) $y[n] = 2x[n]$
   (b) $y[n] = x[n-2]$
   (c) $y[n] = (-1)^n x[n]$
   (d) $y[n] = x[n]\cos(\pi n/4)$
   (e) $y[n] = x[n]\cos(\pi n/4)\cos(\pi n/4)$
(2) 図 7.12 (a) の信号の離散時間フーリエ変換を求めよ．図 7.12 (b) の信号の離散時間フーリエ係数を求めよ．

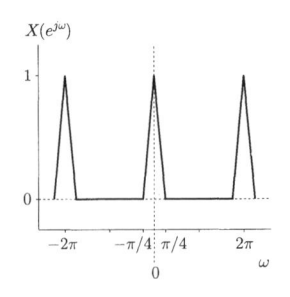

図 **7.11** 演習問題 (1) の説明

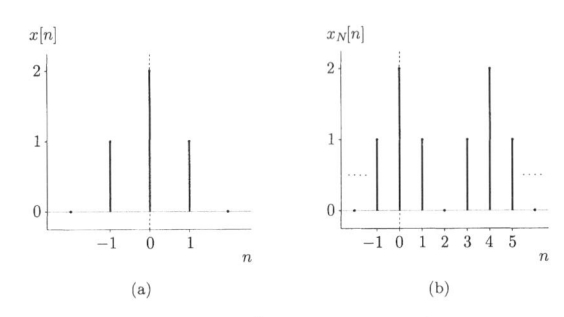

図 **7.12** 演習問題 (2) の説明

(3) 図 7.13 の DTFS 係数 $X_N[k] = A_N[k]e^{j\theta[k]}$ を持つ信号 $x_N[n]$ を求めよ．
(4) $x(t) = 1 + \sin(2\pi t + \pi/4)$ を $F_s = 4[\text{Hz}]$ でサンプリングする．生成された離散時間信号 $x_N[n]$ に対して DTFS 係数 $X_N[k]$ を求めよ．
(5) $F_s = 1[\text{kHz}]$ で，サンプリングされた信号 $x[n]$ に対して，そのスペクトル $X(e^{j\omega})$ を 5[Hz] の細かさで DTFS として計算したい．仮定される周期 N を求めよ．また，その周期 N 点は何秒の周期 T に相当するかを示せ．

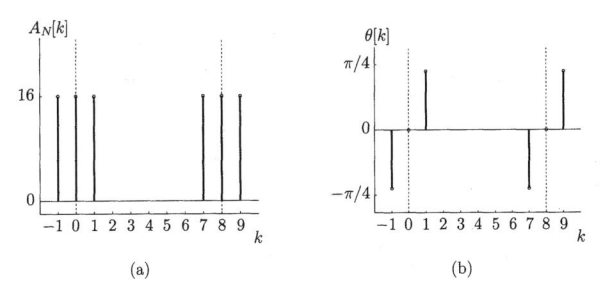

図 7.13　演習問題 (3) の説明

8 サンプリング定理と DFT

本章では,まず連続時間信号に対するフーリエ解析であるフーリエ級数とフーリエ変換について述べる.次にサンプリングにより時間を離散化し,サンプル値を用いてフーリエ解析を実行する方法について説明する.サンプリングは,一般に信号中の情報にひずみを与えてしまう.サンプリングによる信号のひずみの回避条件としてサンプリング定理を紹介する.

8.1 フーリエ級数

周期的な連続時間信号のフーリエ解析法としてフーリエ級数 (Fourier series, FS) について述べる.

(1) フーリエ級数

周期 T を持つ周期信号 $x_T(t)$ に対して,次式のようにフーリエ級数を定義することができる.

$$x_T(t) = \sum_{k=-\infty}^{\infty} C_k e^{jk\Omega_0 t}, \qquad \Omega_0 = 2\pi/T \tag{8.1}$$

$$C_k = \frac{1}{T}\int_0^T x_T(t)e^{-jk\Omega_0 t}dt \tag{8.2}$$

ここで C_k を**フーリエ係数**,$\Omega_0 = 2\pi/T$ を**基本角周波数**,$F_0 = 1/T$ を**基本周波数**という.以上の表現において,以下の点に注意してほしい.

- □ 基本角周波数 $\Omega_0 = 2\pi/T$ は,周期 T により決まる.
- □ 周期 T の周期信号は,基本角周波数の整数倍の角周波数 ($k\Omega_0$) を持つ正弦波信号の合成として表現される.

フーリエ級数の表現には自由度がある.他の級数表現と区別するとき,複素正弦波に基づき展開される上述の形式を**複素フーリエ級数**という.複素正弦波を用いずに実正弦波による級数展開も可能である.それを**実フーリエ級数**と呼ぶ.本

8.1 フーリエ級数

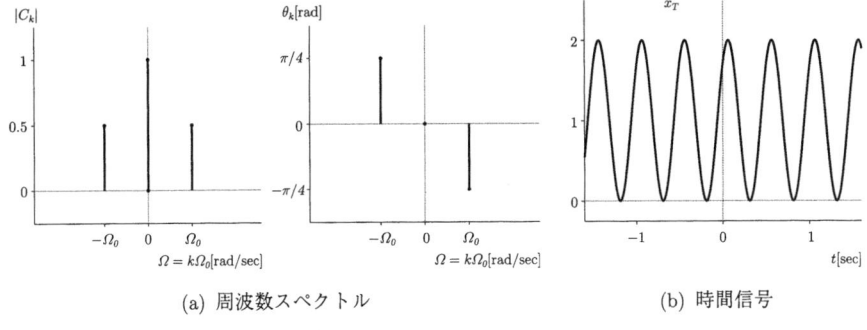

(a) 周波数スペクトル (b) 時間信号

図 **8.1** $C_k = |C_k|e^{j\theta_k}$ のスペクトル表現, $\Omega_0 = 2\pi F_0 = 4\pi [\text{rad/sec}]$

書では，他のフーリエ解析法との関係を考慮して，複素フーリエ級数を中心に取り扱う．

式 (8.2) によりフーリエ係数が求められる理由は，複素正弦波信号の持つ以下の性質から説明される．

$$\frac{1}{T}\int_0^T e^{jm\Omega_0 t}e^{-jn\Omega_0 t}dt = \begin{cases} 1, & m = n \\ 0, & m \neq n \end{cases} \quad (8.3)$$

ここで，m および n は任意の整数である．したがって，式 (8.1) の両辺に $e^{-jk\Omega_0 t}$ をかけ，1 周期にわたる積分を実行することにより，式 (8.2) を導くことができる．

【例題 8.1】 図 8.1 (a) の表現に対応する信号を求めよ．

【解答】 図から，まず $C_0 = 1, C_{-1} = |C_{-1}|e^{j\theta_{-1}} = (1/2)e^{j\pi/4}, C_1 = (1/2)e^{-j\pi/4}$ がわかる．この値を式 (8.1) に代入すると，図に対応する信号は

$$x_T(t) = (1/2)e^{j\pi/4}e^{-j\Omega_0 t} + 1 + (1/2)e^{-j\pi/4}e^{j\Omega_0 t}$$

であることがわかる．オイラーの公式を用いて整理すると，

$$\begin{aligned} x_T(t) &= (1/2)e^{-j(\Omega_0 t - \pi/4)} + 1 + (1/2)e^{j(\Omega_0 t - \pi/4)} \\ &= 1 + \cos(\Omega_0 t - \pi/4) \end{aligned}$$

と表現することもできる (図 8.1 (b))．ただし，$\Omega_0 = 2\pi F_0 = 4\pi$，すなわち $F_0 = 2[\text{Hz}]$ である． □

【例題 8.2】 図 8.2 の信号のフーリエ係数を求めよ．

116   8 サンプリング定理と DFT

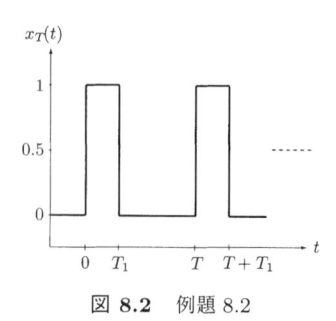

図 8.2 例題 8.2

【解答】 式 (8.2) に図の条件を代入すると,

$$C_k = (1/T) \int_0^{T_1} e^{-jk\Omega_0 t} dt$$

$$= \frac{-1}{jk\Omega_0 T} [e^{-jk\Omega_0 t}]_0^{T_1}$$

$$= \frac{2}{k\Omega_0 T} \{(e^{jk\Omega_0 T_1/2} - e^{-jk\Omega_0 T_1/2})/(2j)\} \cdot e^{-jk\Omega_0 T_1/2}$$

$$= \frac{T_1}{T} \frac{\sin(k\Omega_0 T_1/2)}{k\Omega_0 T_1/2} \cdot e^{-jk\Omega_0 T_1/2}$$

を得る.ゆえにフーリエ係数の極座標表現 $C_k = A_k e^{j\theta_k}$ より,振幅スペクトル $A_k = T_1/T \cdot (\sin(k\Omega_0 T_1/2))/(k\Omega_0 T_1/2)$,位相スペクトル $\theta_k = -k\Omega_0 T_1/2$ となる.最後の表現は必ずしも必要ではないが,標本化関数と呼ばれる $\sin x/x$ の形式を持ち,見通しが良いことから,広く用いられている. □

【例題 8.3】 例題 8.2 の結果に $T_1 = 1[\text{sec}]$, $T = 2[\text{sec}]$, $T = 4[\text{sec}]$ をそれぞれ仮定し,振幅スペクトルを図示せよ.

【解答】 図 8.3 を得る.非周期的な線スペクトルとなることがわかる.また,T が大きいとスペクトル間隔 $(1/T)$ は密となる. □

(2) DTFS との関係

いま,周期信号 $x_T(t)$ をサンプリング間隔 T_s でサンプリングする.この時,離散時間信号 $x_T(nT_s)$ が生成される.

$x_T(t)$ の周期 T を N 等分するようなサンプリングを想定すると,サンプリング間隔は,

$$T_s = \frac{T}{N} \tag{8.4}$$

8.1 フーリエ級数

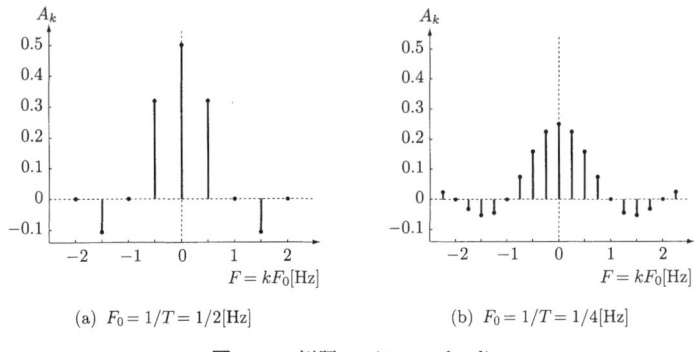

(a) $F_0 = 1/T = 1/2$[Hz]

(b) $F_0 = 1/T = 1/4$[Hz]

図 **8.3** 例題 8.3($T_1 = 1$[sec])

と表現される．この時 $x_T(nT_s)$ は周期 T[sec] を持つと同時に，周期 N サンプルを持つことになる．$x_T(t)$ のフーリエ解析は FS として，一方 $x_T(nT_s)$ は離散時間フーリエ級数 (DTFS) として解析される．両者の関係は次のようになる．

$$X_N[k] = N\hat{C}[k] \tag{8.5}$$

ただし，

$$\hat{C}[k] = \sum_{r=-\infty}^{\infty} C_{k+rN} \tag{8.6}$$

上述の式の導出は省略する (演習問題 (7) 参照)．ここで，C_k は $x_T(t)$ のフーリエ係数，$X_N[k]$ は $x_T(nT_s)$ の DTFS 係数である．式 (8.6) より，サンプリングによりスペクトルが周期 N で周期的 ($\hat{C}[k] = \hat{C}[k+N]$) となることがわかる (図 8.4 参照)．一般にサンプリングの影響により，

(a) FS 係数

(b) エイリアジング係数

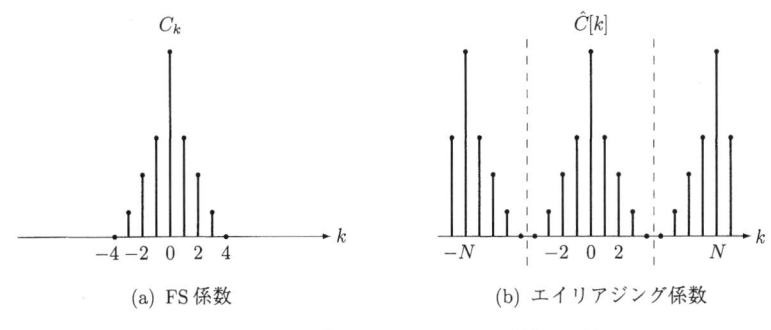

図 **8.4** FS 係数とエイリアジング係数の関係

$$\hat{C}[k] \neq C_k \tag{8.7}$$

となる．この $\hat{C}[k]$ はエイリアジング係数(aliasing coefficient) といい，$\hat{C}[k] = C_k$ となる条件は，後述するサンプリング定理を満たすことである．その時に限り，連続時間信号 $x_T(t)$ のフーリエ係数 C_k を，DTFS 係数 $X_N[k]$ から求めることができる．

8.2 フーリエ変換

非周期信号な連続時間信号のフーリエ解析であるフーリエ変換 (Fourier transform, FT) を説明しよう．

非周期的な連続時間信号 $x(t)$ を考える．このような非周期信号の周波数解析，すなわち時間領域と周波数領域の変換は，次式により行われる．

$$x(t) = \frac{1}{2\pi} \int_{-\infty}^{\infty} X(\Omega) e^{j\Omega t} d\Omega \tag{8.8}$$

$$X(\Omega) = \int_{-\infty}^{\infty} x(t) e^{-j\Omega t} dt \tag{8.9}$$

式 (8.9) は，時間領域 $x(t)$ から周波数領域 $X(\Omega)$ への変換式で，**フーリエ変換**といわれる．一方式 (8.8) は，逆に周波数領域から時間領域への変換式で，**逆フーリエ変換**といわれる．また，フーリエ変換という表現を，両式の総称としてもしばしば使用する．

【例題 8.4】 図 8.5 (a) の信号のフーリエ変換を求めよ．

【解答】 式 (8.9) から

$$\begin{aligned}
X(\Omega) &= \int_{-\infty}^{\infty} x(t) e^{-j\Omega t} dt \\
&= \int_{0}^{T_1} e^{-j\Omega t} dt \\
&= \frac{1}{-j\Omega} \left[e^{-j\Omega t} \right]_0^{T_1} \\
&= \frac{1}{j\Omega} \left[e^{j\Omega T_1/2} - e^{-j\Omega T_1/2} \right] e^{-j\Omega T_1/2} \\
&= T_1 \cdot \sin(\Omega T_1/2)/(\Omega T_1/2) \cdot e^{-j\Omega T_1/2}
\end{aligned}$$

と求められる．この $X(\Omega) = A(\Omega) e^{j\theta(\Omega)}$ は，図 8.5 (b) のような振幅スペクトル $A(\Omega)$ をとる ($T_1 = 1[\text{sec}]$ を仮定)．図 8.5 (a) の表現が信号の時間領域表現，図 8.5 (b) が周波数領域表現である．周波数スペクトル $X(\Omega)$ は，角周波数 Ω に対して連続的な値 (非周期的な連続スペクトル) となる． □

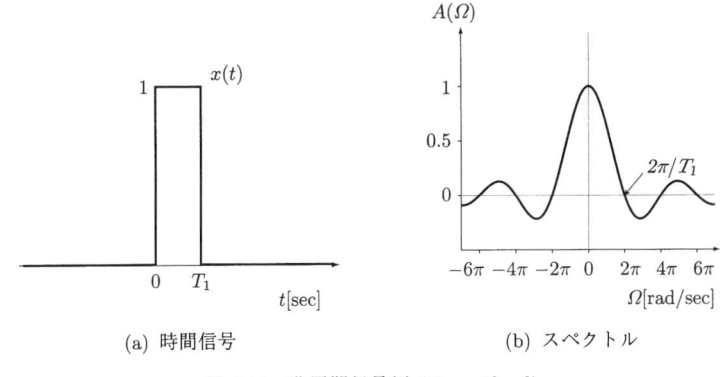

図 8.5　非周期信号例 ($T_1 = 1[\text{sec}]$)

8.3　サンプリング定理

ディジタル信号処理では，アナログ信号をサンプリングし，ディジタル信号を生成する．その際，アナログ信号の持つ情報を失わないように，サンプリングを実行する必要がある．ここでは，その問題を取り扱う．

細かいサンプリング (高いサンプリング周波数) の選択は，データ量を増大させ，その後の処理を複雑にする．一方，荒いサンプリング (低いサンプリング周波数) の選択は，データ量の増大を押さえることはできるが，アナログ信号の持つ情報を失いやすい．したがって，適切なサンプリング周波数の選択が重要となる．

(1) 帯域制限信号

まず，図 8.6 (a) のようなスペクトル $X(\Omega)$ を持つアナログ信号 $x(t)$ を考えよう．ここで，この信号が，

$$|X(\Omega)| = 0, \qquad |\Omega| > |\Omega_m| \tag{8.10}$$

を満たすと仮定する．

このとき，信号 $x(t)$ は，角周波数 $\Omega_m = 2\pi F_m$ (あるいは周波数 F_m) で帯域制限されているという．このように，周波数スペクトルの存在する範囲が有限である信号を**帯域制限信号**(band limited signal) という．

(2) エイリアジング

次に，信号 $x(t)$ をサンプリング周波数 $F_s = 1/T_s[\text{Hz}]$ でサンプリングする．

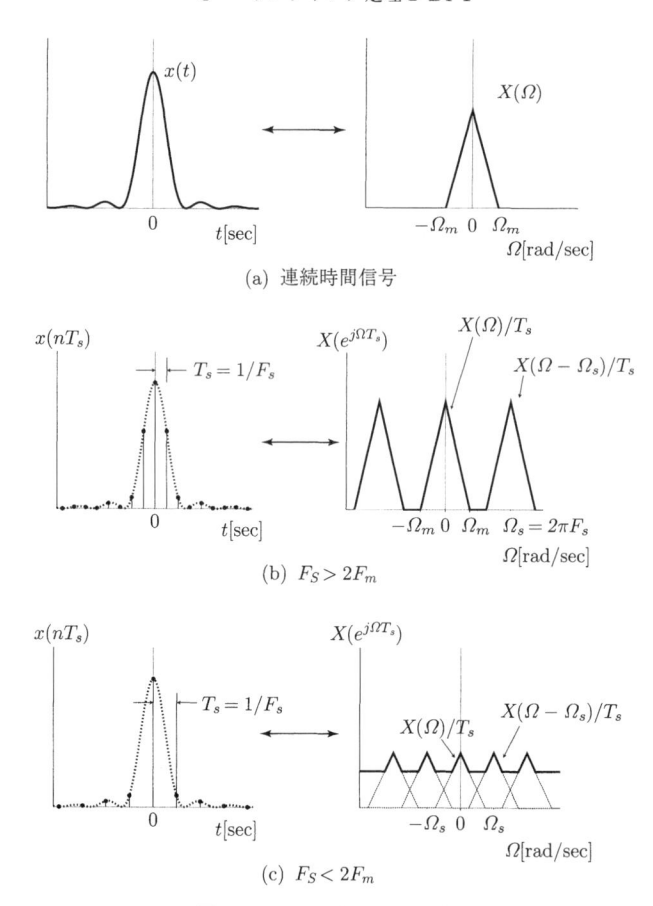

図 8.6 サンプリングの影響

このとき，アナログ信号 $x(t)$ の周波数スペクトル $X(\Omega)$ と離散時間信号 $x(nT_s)$ の周波数スペクトル $X(e^{j\Omega T_s})$ は，

$$X(e^{j\Omega T_s}) = \frac{1}{T_s} \sum_{r=-\infty}^{\infty} X(\Omega - r\Omega_s), \qquad \Omega_s = 2\pi F_s \qquad (8.11)$$

と関係する（コラム F 参照）．

さて，式 (8.11) を図 8.6 (b)(c) において図的に説明する．同図から，以下の点がわかる．

☐ サンプリングすると，アナログ信号のスペクトル $X(\Omega)$ が周期的に並ぶ．

8.3 サンプリング定理

- □ スペクトルの周期は，$\Omega_s = 2\pi F_s$ であり，サンプリング周波数 F_s が高いほど，周期は長い．
- □ サンプリング周波数が低いと，スペクトルが重なる場合がある (図 8.6 (c))．

このようなスペクトルの重なりを，**折り返しひずみ**，あるいは**エイリアジング** (aliasing) という．スペクトルの重なりが生じなければ，離散時間信号は，アナログ信号のスペクトルをひずみなく持つことができる．すなわちこの場合，離散時間信号は，アナログ信号の情報を失っていない．

(3) ナイキストレート

スペクトルの重なりは，信号の帯域 $\Omega_m = 2\pi F_m$ とサンプリング周波数 $\Omega_s = 2\pi F_s$ の関係から決まる．明らかに，

$$F_s > 2F_m \tag{8.12}$$

であれば，スペクトルの重なりは生じない．

スペクトルが重なる限界のサンプリング間隔 $T_s = 1/F_s = 1/2F_m$ を**ナイキストレート** (Nyquist rate) またはナイキスト間隔という．

(4) サンプリング定理

F_m[Hz] で帯域制限された信号 $x(t)$ は，サンプリング周波数 $F_s > 2F_m$ によるサンプル値より一意に決定される．

これを**サンプリング定理**という．スペクトルが重ならないようにサンプリングを行えば，そのサンプル値を用いて元のアナログ信号を一意に復元できることを意味する (コラム G 参照)．この定理の存在により，音声や画像などの信号をディジタル信号として処理することが可能となる．

(5) アナログ–ディジタル変換

以上の議論から，アナログ信号をディジタル信号に変換するためには，図 8.7 の手順が必要であることがわかる．すなわち

- □ 帯域制限信号をつくるために，アナログフィルタにより高い周波数成分を除去する．

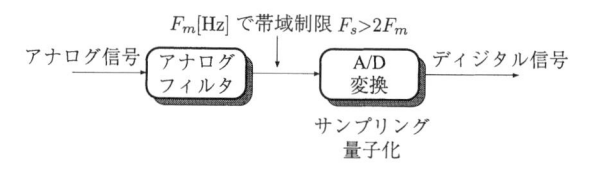

図 **8.7** アナログ-ディジタル変換

□ サンプリング定理を満たすサンプリング周波数を選び，サンプリングする．
□ 各サンプル値を量子化し，ディジタル信号を生成する．

もし帯域制限を行わなければ，サンプリング定理を満たすことができず，エイリアジングが生じる．このため，帯域制限用のアナログフィルタを，**アンチ・エイリアジング** (anti-aliasing) フィルタということもある．

また，サンプリングおよび量子化の操作を**アナログ–ディジタル変換**，その装置を**アナログ–ディジタル** (A/D) **変換器**という．一方逆に，ディジタル信号を再びアナログ信号に戻す操作を**ディジタル–アナログ変換**，その装置を**ディジタル–アナログ** (D/A) **変換器**という．

【**例題 8.5**】 人間の可聴周波数は 20[kHz] までであると言われている．この情報をディジタル信号に変換するにはどのように帯域制限し，サンプリング周波数 F_s を選択すべきかを示せ．

【**解答**】 まず，サンプリングによるエイリアジングの影響を回避し，かつ可聴周波数情報を失わないように，アナログフィルタにより $F_m = 20$[kHz] より高い周波数成分を除去する．次に，サンプリング定理を考慮して (式 (8.12))，$F_s > 2F_m = 40$[kHz] と選択する． □

8.4 DFT によるフーリエ解析

8.4.1 DFT の定義

N 点の有限長信号 $x[n]$, $n = 0, 1, \cdots, N-1$ に対して次式の変換対を考える．

$$x[n] = \frac{1}{N} \sum_{k=0}^{N-1} X[k] W_N^{-nk} \tag{8.13}$$

$$X[k] = \sum_{n=0}^{N-1} x[n] W_N^{nk} \tag{8.14}$$

式 (8.14) を**離散フーリエ変換**(discrete Fourier Transform, DFT)，式 (8.13) を逆 DFT(Inverse DFT, IDFT) という．両式の変換対を総称して DFT という場合もある．これらは，時間と周波数ともに離散的であり，DTFS と同様に，$N \times N$ の正方行列により行列表記することができる．

DFT と DTFS の違いはわずかである．DTFS は，一般に離散で周期的な信号に対するフーリエ解析法であるのに対して，DFT は一般に離散で非周期的で，

かつ有限長の信号に対して適用される．離散で非周期的な信号はDTFT(連続スペクトルω) として解析されるが，さらに有限長(時間制限)の条件が追加されると，離散的なスペクトルで変換対が成立する．換言すると，有限長な信号は信号の情報を失うことなしに，周期信号に拡張され，DFTとして解析可能となる．

DFTとDTFSの変換対は，ともに積分計算を必要とせず，かつ有限項(N 項)の総和計算で実行される．このことから，ハードウェアやソフトウェアによる実際のフーリエ解析において，広く用いられている．

8.4.2 各フーリエ解析法の関係

7章および8章において5種類のフーリエ解析法について説明した．ここでは，これらの関係について要約する．実際のフーリエ解析は，すべてのフーリエ解析をDFT(またはDTFS)として実行可能である．図8.8は，時間領域において各フーリエ解析法の関係をまとめたものである．例えば，FTは間隔T_s でサンプリングすることにより，DTFTに帰着される．さらに周期T(またはN 点)を仮定することにより，DTFS(DFT)として$N \times N$ の行列演算により計算される．

図8.9は，このような操作の影響を時間領域と周波数領域の関係として図的に例示したものである．以下の点に注意してほしい．

□ 周期T の仮定は，スペクトルを$F_0 = 1/T$ で離散化する．

□ 間隔$T_s = 1/F_s$ によるサンプリングは，スペクトルを$F_s = 1/T_s$ で周期化する．

□ N 点の周期を持つ離散時間信号は，N 点の周期的な離散スペクトルを持つ．

ここで，T およびT_s の選択には自由度があり，計算精度と計算量を考慮して決定される．

実際の計算において，さらに次のような点を考慮する必要がある．

□ $N \times N$ の行列演算であるDFTの計算量は少なくない．

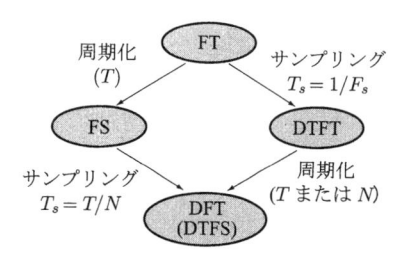

図 **8.8** 各フーリエ解析法の関係(時間領域)

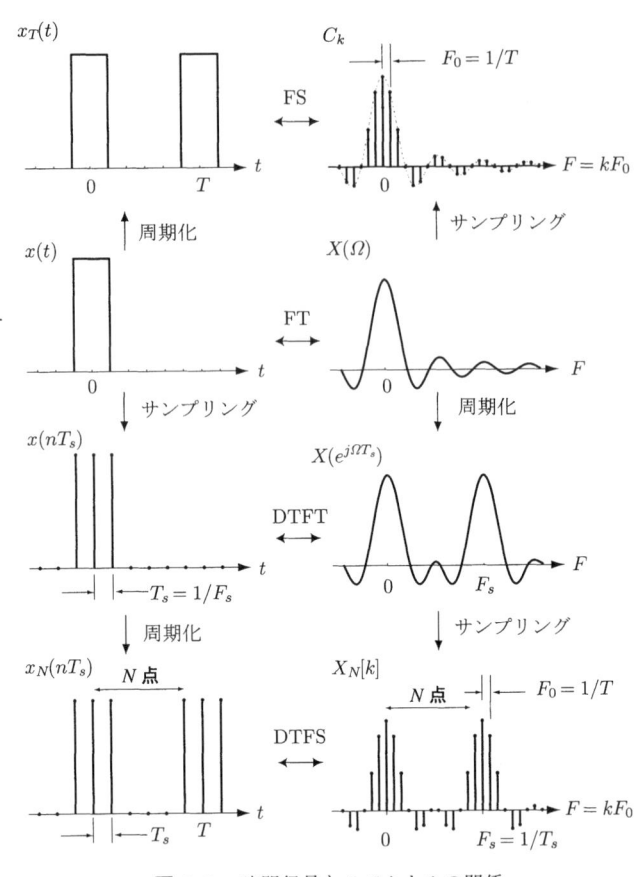

図 8.9 時間信号とスペクトルの関係

□ 周期 T を仮定する際,信号は有限長である必要がある.
次章で説明するように,前者に対しては高速フーリエ変換が,後者の解決策として窓関数が導入される.

【例題 8.6】 ある信号 $x(t)$ のスペクトルを 20[kHz] までを 100[Hz] きざみで解析したい.その手順を説明せよ.

【解答】 まず,アナログフィルタにより $F_m = 20$[kHz] の帯域制限をかける.次に,$F_s > 2F_m = 40$[kHz] を選び,A/D 変換し,ディジタル信号を生成する.$F_s = 40$[kHz] とすると,$F_0 = F_s/N = 100$ より,周期 $N = 400$ を選ぶ.$N = 400$ で周期信号を生成する際に信号長に問題があれば,窓関数を用いて信号を (400 点以下に) 切り出す必要がある (9 章参照). □

(a) 仮定された周期信号

(b) $N = 16 (\omega_0 = 2\pi/N)$

(c) $N = 64 (\omega_0 = 2\pi/N)$

図 **8.10** 例題 8.7

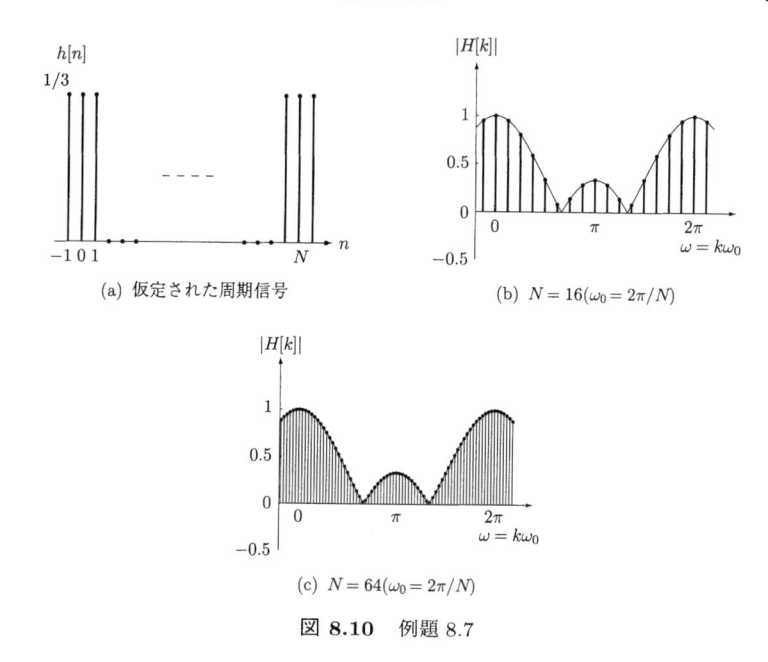

【例題 8.7】 3点移動平均システム $H(z) = 1/3 \cdot (z + 1 + z^{-1})$ の周波数特性を DFT に基づき計算せよ．ただし，周期 $N = 16$ と $N = 64$ を仮定する．

【解答】 周波数特性はインパルス応答 $h[n]$ の DTFT であるので，$h[n]$ に周期 N を仮定し DFT の問題として実行すればよい．図 8.10 (a) は，$h[n]$ に周期を仮定した信号例である．その結果，同図 (b),(c) を得る．大きな N を選択するほど，特性が密に求められることがわかる．□

演習問題

(1) 図 8.11 の周波数スペクトルを参照し，以下の問いに答えよ．ただし，基本角周波数 $\Omega_0 = 4\pi [\text{rad/sec}]$ とする．

    (a) 対応する時間信号 $x_T(t)$ を示せ．

    (b) この信号 $x_T(t)$ の周期 T を示せ．

(2) $x_T(t) = 1 + \cos(\Omega_0 t + \pi/4) + 2\cos(2\Omega_0 t - \pi/2)$ を複素フーリエ級数の形式に変形し，その周波数スペクトルを図示せよ．

8 サンプリング定理と DFT

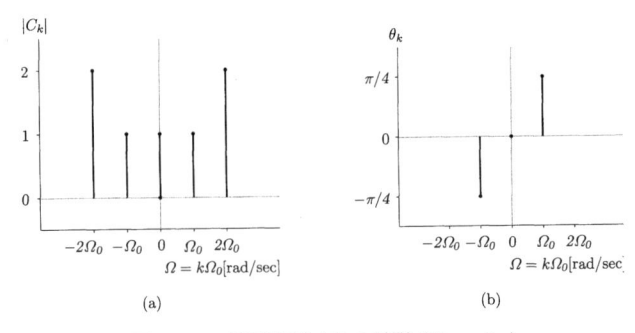

図 8.11 演習問題 (1) の説明 ($\Omega_0 = 2\pi$)

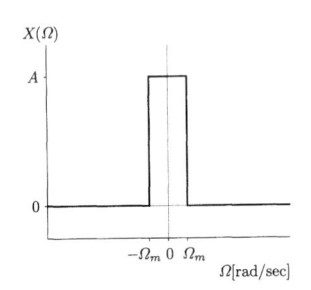

図 8.12 演習問題 (3) の説明

(3) 図 8.12 の周波数スペクトルを持つ時間信号を求めよ.
(4) (1) の信号を再び考える. 以下の問いに答えよ.
   (a) ナイキストレートを求めよ.
   (b) サンプリング定理を満たすようにサンプリングしたい. サンプリング周波数を求めよ.
   (c) サンプリング周波数を $F_s = 4[\text{Hz}]$ と選ぶ. サンプリング定理を満たすかどうかを示せ. 満たさない場合, 帯域制限のためのアナログフィルタの振幅特性を示せ.
(5) サンプリング周波数 $F_s = 40[\text{kHz}]$ でサンプリングされた信号 $x[n]$, $n = 0, 1, 2, 3 \cdots$ の周波数スペクトルを DFT により解析したい. ただし, DFT は 1000 点の点数を用いるとする. この場合の周波数の離散化のきざみ幅は何 [Hz] かを示せ.
(6) 4 点データ $x[0] = 1$, $x[1] = 1$, $x[2] = 0$, $x[3] = 1$ に対して 4 点 DFT を求めよ.
(7) 式 (8.5) を導け

コラム F　サンプリングの影響

連続時間信号 $x(t)$ をサンプリング間隔 $T_s = 1/F_s$ でサンプリングを施した場合の影響を，周波数領域において表現する．すなわち，式 (8.11) を導く．

インパルス列 (コラム B 参照) $\delta_{T_s}(t) = \sum_{n=-\infty}^{\infty} \delta(t - nT_s)$ は，周期的な連続時間信号であり，フーリエ級数 (FS) 展開することができる．そのフーリエ係数は，式 (8.2) より

$$
\begin{aligned}
C_k &= \frac{1}{T_s} \int_{-T_s/2}^{T_s/2} \sum_{n=-\infty}^{\infty} \delta(t - nT_s) e^{-jk\Omega_s t} dt \\
&= \frac{1}{T_s} \sum_{n=-\infty}^{\infty} \int_{-T_s/2}^{T_s/2} \delta(t - nT_s) e^{-jk\Omega_s t} dt \\
&= \frac{1}{T_s}
\end{aligned}
\quad \text{(F.1)}
$$

と求まる．ただし，$\Omega_s = 2\pi/T_s$ であり，Ω_s はサンプリング角周波数であると同時に基本角周波数 $\Omega_0 = \Omega_s$ となる．したがって，式 (8.1) に C_k を代入すると，

$$
\delta_{T_s}(t) = \sum_{k=-\infty}^{\infty} C_k e^{jk\Omega_s t} = \frac{1}{T_s} \sum_{k=-\infty}^{\infty} e^{jk\Omega_s t} \quad \text{(F.2)}
$$

と表現される．

次に，連続時間信号である理想サンプル値 $x_s(t) = x(t)\delta_{T_s}(t)$ のフーリエ変換 (FT) を考える．すなわち，式 (8.9) および式 (F.2) より

$$
\begin{aligned}
X_s(\Omega) &= \int_{-\infty}^{\infty} x(t)\delta_{T_s}(t) e^{-j\Omega t} dt \\
&= \frac{1}{T_s} \sum_{k=-\infty}^{\infty} \int_{-\infty}^{\infty} x(t) e^{jk\Omega_s t} e^{-j\Omega t} dt \\
&= \frac{1}{T_s} \sum_{k=-\infty}^{\infty} \int_{-\infty}^{\infty} x(t) e^{-j(\Omega - k\Omega_s) t} dt \\
&= \frac{1}{T_s} \sum_{k=-\infty}^{\infty} X(\Omega - k\Omega_s)
\end{aligned}
\quad \text{(F.3)}
$$

を得る．$x_s(t)$ の持つ $x(t)$ の情報は $x(nT_s)$ であり，$X_s(\Omega) = X(e^{j\Omega T_s})$ と置くと，式 (8.11) を得る．

コラム G　信号の復元

理想サンプリングされた信号 $x_s(t) = x(t)\delta_{T_s}(t)$ から，再び $x(t)$ を復元する問題を考える．サンプリング定理を満たすサンプリングが実行された時，理論的には $x(t)$ を正確に復元可能である．

(1) 理想サンプル値による復元

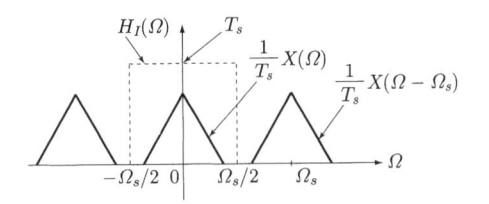

図 **G.1** サンプリングの影響

$x(t)$ の FT, $X(\Omega)$ が $X(\Omega) = 0, |\Omega| > |\Omega_m| = |2\pi F_m|$ の帯域制限信号であり,かつ $F_s > 2F_m$ のサンプリングが施される時, $x(t)$ の理想サンプル値 $x_s(t)$ のスペクトルは,式 (F.3) より,図 G.1 のように与えられる.同図に示すように,$x_s(t)$ の周期的スペクトルの 1 周期をアナログフィルタ $H_I(\Omega)$ により抽出すれば,スペクトルが $X(\Omega)$ と一致し,$x(t)$ を復元できるはずである.このフィルタのインパルス応答 $h_I(t)$ は,その周波数特性

$$H_I(\Omega) = \begin{cases} T_s, & |\Omega| \leq |\Omega_s/2| \\ 0, & |\Omega| > |\Omega_s/2| \end{cases} \tag{G.1}$$

の逆 FT として式 (8.8) より,

$$h_I(t) = \frac{1}{2\pi} \int_{-\Omega_s/2}^{\Omega_s/2} T_s \cdot e^{j\Omega t} d\Omega \tag{G.2}$$

$$= \frac{T_s}{j2\pi t}[e^{j\Omega t}]_{-\pi/T_s}^{\pi/T_s} = \frac{\sin(\pi t/T_s)}{\pi t/T_s} \tag{G.3}$$

と求められる.ゆえにたたみ込み (式 (E.3)) より,

$$x(t) = x_s(t) * h_I(t) = \int_{-\infty}^{\infty} x_s(\tau) h_I(t-\tau) d\tau \tag{G.4}$$

$$= \int_{-\infty}^{\infty} \sum_{n=-\infty}^{\infty} x(\tau) \delta(\tau - nT_s) h_I(t-\tau) d\tau \tag{G.5}$$

$$= \sum_{n=-\infty}^{\infty} x(nT_s) \frac{\sin(\pi(t-nT_s)/T_s)}{\pi(t-nT_s)/T_s} \tag{G.6}$$

と $x(t)$ はサンプル値 $x(nT_s)$ を用いて復元される.しかし,以上の処理は理想サンプリングの使用を前提として導出された.

(2) サンプルホールドとアパーチャ効果

D/A 変換器では,アナログ信号を復元する場合,サンプルホールド (零次ホールドともいう) という処理を用いる.それは,A/D 変換時に理想サンプリングを行うことができないからである.ここでは,その処理を簡単に説明する.

(1) の処理は図 G.2(a) のように説明される.理想サンプリングを用いないサンプリングでは,同図 (b) のような手順により信号を復元する.また,その途中で生成される信号 $x_0(t)$ は,同図 (c) のように,理想サンプル値 $x_s(t)$ から生成することもできる.

コラム G　信号の復元

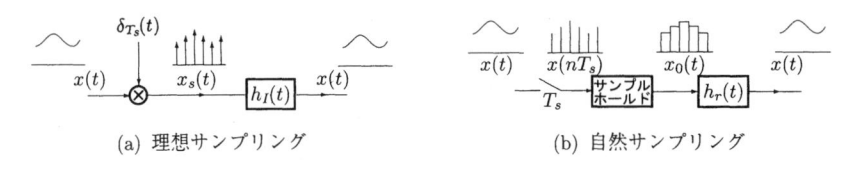

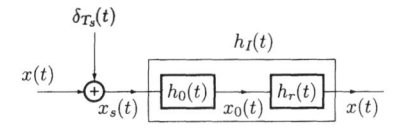

(a) 理想サンプリング

(b) 自然サンプリング

(c) 理想サンプリングとサンプルホールド

図 G.2 サンプルホールドシステム $h_0(t)$

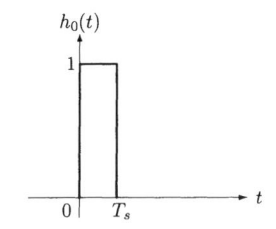

図 G.3 サンプルホールドシステムのインパルス応答 $h_0(t)$

$x_s(t)$ からサンプルホールド信号 $x_0(t)$ を生成するシステム $h_0(t)$ は，図 G.3 のようなインパルス応答を持つ．2 つのシステムの間に，たたみ込み

$$h_I(t) = h_0(t) * h_r(t) \tag{G.7}$$

が成立するとき，理想サンプリングを前提とせずに $x(t)$ を復元することができる．式 (G.7) における各インパルス応答を FT し，周波数領域において記述すると，

$$H_I(\Omega) = H_0(\Omega) H_r(\Omega) \tag{G.8}$$

となる．$H_0(\Omega)$ は $h_0(t)$ の FT であり，

$$\begin{aligned} H_0(\Omega) &= \int_{-\infty}^{\infty} h_0(t) e^{-j\Omega t} dt = \int_0^{T_s} e^{-j\Omega t} dt \\ &= T_s \frac{\sin(\Omega T_s/2)}{\Omega T_s/2} \cdot e^{-j\Omega T_s/2} \end{aligned} \tag{G.9}$$

と求められる．この振幅特性は図 G.4(a) となる．ゆえに，式 (G.8) より，$H_r(\Omega)$ は図 (b) の特性を持つ必要がある．このとき，自然サンプリングによるサンプル値 $x(nT_s)$ より $x(t)$ を復元することができる．サンプルホールドシステム $h_0(t)$ は，低域通過特性を持っており，このような信号のホールド処理による高域成分の減衰を**アパーチャ効果**(aperture effect) という．

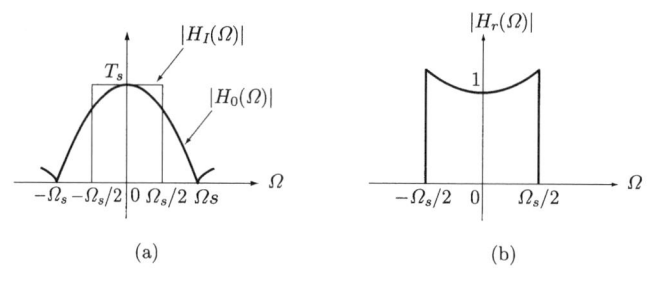

図 G.4　アパーチャ効果

FFT とその応用 9

前章では,種々のフーリエ解析は DFT により実行可能であることを述べた.本章では,DFT の高速計算法である高速フーリエ変換 (FFT) について述べる.FFT はフーリエ解析に限らず,多くの応用を持つ.

9.1 高速フーリエ変換

信号の存在範囲が有限な場合,離散的な周波数スペクトルに着目することにより,フーリエ解析を DFT により実行できることを述べた.しかし,DFT の計算に要する演算量は,少なくはない.ここでは,DFT を少ない演算量で計算するための手法である**高速フーリエ変換** (fast Fourier transform, FFT) を説明する.

9.1.1 DFT の演算量

まず,DFT の演算量に着目しよう.$N=4$ を例にすると,式 (8.14) は

$$\begin{bmatrix} X[0] \\ X[1] \\ X[2] \\ X[3] \end{bmatrix} = \begin{bmatrix} W_4^0 & W_4^0 & W_4^0 & W_4^0 \\ W_4^0 & W_4^1 & W_4^2 & W_4^3 \\ W_4^0 & W_4^2 & W_4^4 & W_4^6 \\ W_4^0 & W_4^3 & W_4^6 & W_4^9 \end{bmatrix} \begin{bmatrix} x[0] \\ x[1] \\ x[2] \\ x[3] \end{bmatrix} \tag{9.1}$$

と行列表記することができる.

明らかに,1 つの $X[k]$ を求めるのに,4 回の乗算と 3 回の加算が必要である.さらに,各演算は W_N が複素数であるので,複素数演算である.したがって,N 点の DFT を計算するのに,

$$M_D = N^2 \tag{9.2}$$

$$A_D = N(N-1) \tag{9.3}$$

回の複素乗算 M_D と複素加算 A_D が必要であることがわかる.この演算量は,図 9.1 に示すように,N の増加に伴い急激に増大してしまう.

FFT は,DFT 演算に要するこの演算量を全く近似誤差なく低減するための手法である.このような演算量の低減手法は,しばしば高速アルゴリズムと呼ばれ

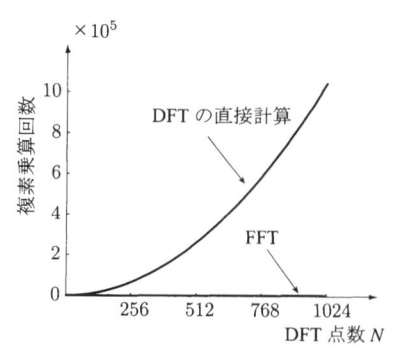

図 9.1 乗算回数の比較

る．後述するように，FFT を用いて DFT を計算した場合，複素乗算回数 M_F，複素加算回数 A_F は

$$M_F = (N/2)(\log_2 N - 1) \tag{9.4}$$

$$A_F = N \log_2 N \tag{9.5}$$

と与えられる．図 9.1 の比較から，DFT を直接計算した場合に比べ，FFT が非常に少ない演算量を与えることがわかる．

【例題 9.1】 $N = 2^4 = 16$, $N = 2^8 = 256$ の場合について，DFT を直接計算した場合と FFT を用いた場合の乗算回数をそれぞれ比較せよ．

【解答】 直接計算では，$N = 16$ で 256 回，$N = 256$ で 65536 回の複素乗算が必要である．一方，FFT を用いた場合には，$N = 16$ で 24 回，$N = 256$ で 896 回となる．ゆえに，その割合は，$N = 16$ で約 10.7 倍，$N = 256$ では約 73.1 倍となり，N が大きいほど，FFT の効果が顕著になる． □

9.1.2　FFT アルゴリズム

さて，DFT の高速アルゴリズムである FFT について具体的に説明しよう．FFT には，非常に多くのアルゴリズムがある．以下では，基本的で広く使用されている**基数 2 の周波数間引き型** (decimation in frequency) アルゴリズムを紹介する．

(1) FFT アルゴリズム

9.1 高速フーリエ変換

表 9.1 ビット反転 ($N = 4$)

k						
0		00		00		0
1	2進数	01	ビット反転	10	10進数	2
2	→	10	→	01	→	1
3		11		11		3

以下では，DFT 点数 N を 2 のべき乗と仮定する．$N = 2^2 = 4$ とすると，DFT は，式 (9.1) と表現される．いま，$X[k]$ の k の値を表 9.1 のように変換し，$X[k]$ を並び換える．すなわち，以下の手順により，k を奇数と偶数に分ける．

□ k を 2 進数で表す．
□ ビット反転する (最上位と最下位のビットの関係を逆転させる)．
□ 10 進数に戻す．

その結果，式 (9.1) を

$$\begin{bmatrix} X[0] \\ X[2] \\ X[1] \\ X[3] \end{bmatrix} = \begin{bmatrix} W_4^0 & W_4^0 & W_4^0 & W_4^0 \\ W_4^0 & W_4^2 & W_4^4 & W_4^6 \\ W_4^0 & W_4^1 & W_4^2 & W_4^3 \\ W_4^0 & W_4^3 & W_4^6 & W_4^9 \end{bmatrix} \begin{bmatrix} x[0] \\ x[1] \\ x[2] \\ x[3] \end{bmatrix} \quad (9.6)$$

と並び換える．このように $X[k]$ を並び換えることから，そのアルゴリズムを周波数間引き型という[1]．いま，$X[k]$ を並び換えた結果できる式 (9.6) の行列を

$$\hat{W}_4 = \begin{bmatrix} W_4^0 & W_4^0 & W_4^0 & W_4^0 \\ W_4^0 & W_4^2 & W_4^4 & W_4^6 \\ W_4^0 & W_4^1 & W_4^2 & W_4^3 \\ W_4^0 & W_4^3 & W_4^6 & W_4^9 \end{bmatrix} \quad (9.7)$$

と置いておく．

次に，$W_N = e^{-j2\pi/N}$ は，$W_N^{2k} = W_{N/2}^k$，$W_N^{nk} = W_N^{((nk))_N}$ が成立することに注意する．ただし，$((x))_N$ は x を N で割った余りを意味し，例えば $((5))_4 = 1$

---

[1] 時間信号 $x[n]$ を並び換える高速アルゴリズムもある．それを時間間引き型という．

となる．したがって，式 (9.6) を

$$\begin{bmatrix} X[0] \\ X[2] \\ X[1] \\ X[3] \end{bmatrix} = \left[\begin{array}{cc|cc} W_4^0 & W_4^0 & W_4^0 & W_4^0 \\ W_4^0 & W_4^2 & W_4^0 & W_4^2 \\ \hline W_4^0 & W_4^1 & W_4^2 & W_4^3 \\ W_4^0 & W_4^3 & W_4^2 & W_4^1 \end{array}\right] \begin{bmatrix} x[0] \\ x[1] \\ x[2] \\ x[3] \end{bmatrix}$$

$$= \left[\begin{array}{c|c} \hat{\boldsymbol{W}}_2 & \hat{\boldsymbol{W}}_2 \\ \hline \hat{\boldsymbol{W}}_2 \boldsymbol{\Lambda}_2 & -\hat{\boldsymbol{W}}_2 \boldsymbol{\Lambda}_2 \end{array}\right] \begin{bmatrix} x[0] \\ x[1] \\ x[2] \\ x[3] \end{bmatrix} \quad (9.8)$$

と整理することができる．ただし，$-1 = W_4^2$ であり，

$$\hat{\boldsymbol{W}}_2 = \begin{bmatrix} W_2^0 & W_2^0 \\ W_2^0 & W_2^1 \end{bmatrix}, \quad \boldsymbol{\Lambda}_2 = \begin{bmatrix} W_4^0 & 0 \\ 0 & W_4^1 \end{bmatrix} \quad (9.9)$$

である．ゆえに，式 (9.6) を 2×2 の零行列 $\boldsymbol{0}_2$，単位行列 $\boldsymbol{I}_2$ を用いて，

$$\begin{bmatrix} X[0] \\ X[2] \\ X[1] \\ X[3] \end{bmatrix} = \begin{bmatrix} \hat{\boldsymbol{W}}_2 & \boldsymbol{0}_2 \\ \boldsymbol{0}_2 & \hat{\boldsymbol{W}}_2 \end{bmatrix} \begin{bmatrix} \boldsymbol{I}_2 & \boldsymbol{0}_2 \\ \boldsymbol{0}_2 & \boldsymbol{\Lambda}_2 \end{bmatrix} \cdot \begin{bmatrix} \boldsymbol{I}_2 & \boldsymbol{I}_2 \\ \boldsymbol{I}_2 & -\boldsymbol{I}_2 \end{bmatrix} \begin{bmatrix} x[0] \\ x[1] \\ x[2] \\ x[3] \end{bmatrix}$$

$$= \left[\begin{array}{cc|cc} 1 & 1 & 0 & 0 \\ 1 & -1 & 0 & 0 \\ \hline 0 & 0 & 1 & 1 \\ 0 & 0 & 1 & -1 \end{array}\right] \left[\begin{array}{cc|cc} 1 & 0 & 0 & 0 \\ 0 & 1 & 0 & 0 \\ \hline 0 & 0 & W_4^0 & 0 \\ 0 & 0 & 0 & W_4^1 \end{array}\right]$$

$$\cdot \left[\begin{array}{cc|cc} 1 & 0 & 1 & 0 \\ 0 & 1 & 0 & 1 \\ \hline 1 & 0 & -1 & 0 \\ 0 & 1 & 0 & -1 \end{array}\right] \begin{bmatrix} x[0] \\ x[1] \\ x[2] \\ x[3] \end{bmatrix} \quad (9.10)$$

と 4 点 DFT を 2 点 DFT からなる行列の積として表現できる．この分解は，図 9.2 に示す計算手順を意味する．

以上のような分解は，$N = 4$ の場合に限らず，2 のべき乗の N に対して一般的に成立する．$N = 8$ の場合を例にすると，$X[k]$ を並び換えた 8 点 DFT の行列 $\hat{\boldsymbol{W}}_8$ をまず 4 点 DFT の行列 $\hat{\boldsymbol{W}}_4$ に分解し，次に 4 点 DFT をさらに 2 点 DFT $\hat{\boldsymbol{W}}_2$ に分解することができる．すなわち，表 9.2 に示すように，まず，

9.1 高速フーリエ変換

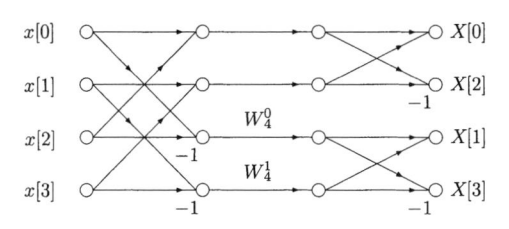

図 9.2 4 点 FFT の計算手順

表 9.2 ビット反転 ($N = 8$)

k	2進数		ビット反転		10進数	
0		000		000		0
1		001		100		4
2		010		010		2
3	2進数	011	ビット反転	110	10進数	6
4	→	100	→	001	→	1
5		101		101		5
6		110		011		3
7		111		111		7

$k = 0, 1, \cdots, 7$ をビット反転し，$X[k]$ を並び換える．このとき，次のような行列に分解することができる．

$$\begin{bmatrix} X[0] \\ X[4] \\ X[2] \\ X[6] \\ X[1] \\ X[5] \\ X[3] \\ X[7] \end{bmatrix} = \begin{bmatrix} \hat{\boldsymbol{W}}_4 & \boldsymbol{0}_4 \\ \boldsymbol{0}_4 & \hat{\boldsymbol{W}}_4 \end{bmatrix} \begin{bmatrix} \boldsymbol{I}_4 & \boldsymbol{0}_4 \\ \boldsymbol{0}_4 & \boldsymbol{\Lambda}_4 \end{bmatrix} \begin{bmatrix} \boldsymbol{I}_4 & \boldsymbol{I}_4 \\ \boldsymbol{I}_4 & -\boldsymbol{I}_4 \end{bmatrix} \begin{bmatrix} x[0] \\ x[1] \\ x[2] \\ x[3] \\ x[4] \\ x[5] \\ x[6] \\ x[7] \end{bmatrix} \tag{9.11}$$

この分解は，図 9.3 の計算の流れに対応する．したがって，$\hat{\boldsymbol{W}}_4$ の計算に図 9.2 を利用でき，図 9.4 の結論を得ることができる．このような手順で，DFT の計算を実行すると，後述するように，少ない演算量でその値を計算することが可能と

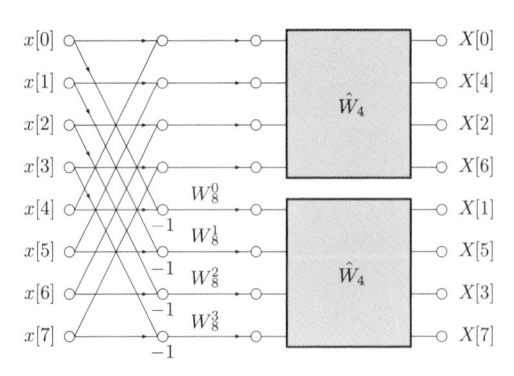

図 9.3 式 (9.11) の計算手順

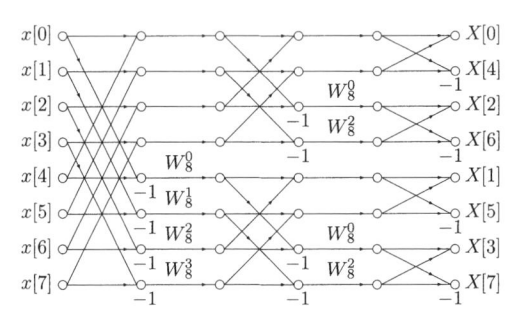

図 9.4 8 点 FFT の計算手順

なる.
また, 図 9.4 から, 以下の点に注目してほしい.
- 図 9.5 の計算 (**バタフライ (butterfly) 演算**という) の組み合わせとして, 実現される.
- バタフライ演算のステージ数は, $3 = \log_2 N$ 段である.
- 各ステージでの W_N の演算は, 高々 $N/2$ 回である.

実際の FFT では, さらに最後に $X[k]$ を並び換え, 元の順番に戻す必要がある.

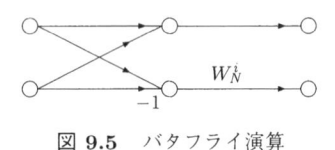

図 9.5 バタフライ演算

9.1 高速フーリエ変換

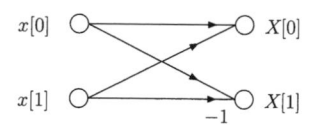

図 9.6　2 点 DFT の計算の流れ図

【例題 9.2】 2 点 DFT を示し，その計算の流れ図を描け．
【解答】 2 点 DFT は

$$\begin{bmatrix} X[0] \\ X[1] \end{bmatrix} = \begin{bmatrix} 1 & 1 \\ 1 & -1 \end{bmatrix} \begin{bmatrix} x[0] \\ x[1] \end{bmatrix} \tag{9.12}$$

となり，図 9.6 の流れ図を得る．2 点 DFT は，乗算を必要としないことがわかる．したがって，DFT の行列分解の際の最小単位となる． □

(2) FFT アルゴリズムの演算量

さて，上述の行列分解により，DFT の計算に要する演算量が低減できることを確認しよう．

式 (9.11) と図 9.4 に着目しよう．複素乗算は，W_N の乗算のみで生じる．したがって，N 点 DFT では，ステージ数 $-1 = \log_2 N - 1$ のステージでバタフライ演算を含み，またその各ステージには $N/2$ 回の乗算がある．ゆえに，式 (9.4) の乗算回数となる．ただし，$W_N^0 = 1$ の乗算は実質的に行う必要はないので，実際の乗算回数はさらに少ない．

一方，複素加算は，バタフライ演算で生じる．$\log_2 N$ 段のステージのすべてバタフライ演算は存在し，各ステージで N 回の加算が必要である．ゆえに，式 (9.5) の加算回数を得る．ただし，入力信号が実数の場合，最初のステージのバタフライ演算は複素演算ではないが，複素演算として演算量を見積もっている．

9.1.3　IFFT アルゴリズム

式 (8.13) の逆 DFT(IDFT) に対して高速アルゴリズムを考えよう．FFT アルゴリズムのわずかな修正により，IDFT を少ない演算量で実行することができる．

DFT と IDFT の違いは，W_N の指数の符号の違いと $(1/N)$ の利得の修正を行うかどうかである．$N = 4$ の場合の IDFT を例にすると，IDFT は

$$\begin{bmatrix} x[0] \\ x[1] \\ x[2] \\ x[3] \end{bmatrix} = \frac{1}{4} \begin{bmatrix} W_N^0 & W_N^0 & W_N^0 & W_N^0 \\ W_N^0 & W_N^{-1} & W_N^{-2} & W_N^{-3} \\ W_N^0 & W_N^{-2} & W_N^{-4} & W_N^{-6} \\ W_N^0 & W_N^{-3} & W_N^{-6} & W_N^{-9} \end{bmatrix} \begin{bmatrix} X[0] \\ X[1] \\ X[2] \\ X[3] \end{bmatrix} \tag{9.13}$$

となる。$W_N = e^{-j2\pi/N}$ の性質に注意すると，上式を

$$\begin{bmatrix} x[0] \\ x[1] \\ x[2] \\ x[3] \end{bmatrix} = \frac{1}{4} \begin{bmatrix} W_N^0 & W_N^0 & W_N^0 & W_N^0 \\ W_N^0 & W_N^3 & W_N^6 & W_N^9 \\ W_N^0 & W_N^2 & W_N^4 & W_N^6 \\ W_N^0 & W_N^1 & W_N^2 & W_N^3 \end{bmatrix} \begin{bmatrix} X[0] \\ X[1] \\ X[2] \\ X[3] \end{bmatrix} \quad (9.14)$$

と正の指数を用いて表現することもできる．

いま，$X[k]$ に対する変換として，DFT の行列を用いて次式の計算を定義する．

$$\begin{bmatrix} x'[0] \\ x'[1] \\ x'[2] \\ x'[3] \end{bmatrix} = \frac{1}{4} \begin{bmatrix} W_N^0 & W_N^0 & W_N^0 & W_N^0 \\ W_N^0 & W_N^1 & W_N^2 & W_N^3 \\ W_N^0 & W_N^2 & W_N^4 & W_N^6 \\ W_N^0 & W_N^3 & W_N^6 & W_N^9 \end{bmatrix} \begin{bmatrix} X[0] \\ X[1] \\ X[2] \\ X[3] \end{bmatrix} \quad (9.15)$$

上式と式 (9.14) の比較から，

$$x[0] = x'[0], \; x[1] = x'[3], \; x[2] = x'[2], \; x[3] = x'[1] \quad (9.16)$$

となることがわかる．つまり，$n = 0$ を除き，$x[n] = x'[N - n]$ と逆順で順番を並べ換えればよい．

この結論は，$N = 4$ に限らず，2 のべき乗の値の N に対して常に成立する．したがって，$X[k]$ の N 点 IDFT $x[n]$ を求める高速アルゴリズム (inverse FFT, IFFT) の手順は，以下のようにまとめられる．

☐ $X[k]$ の DFT を FFT アルゴリズムを用いて計算する．
☐ 利得 ($1/N$) の修正する．
☐ 結果を並び換える．

9.2 FFT によるたたみ込み実現

たたみ込みを FFT を用いて実行する方法を説明する．特に高次の FIR システムの実現において効果的となる．

(1) たたみ込みの周波数領域表現

信号 $x[n]$ とインパルス応答 $h[n]$ の直線たたみ込み $y[n] = h[n] * x[n]$ を考える．それらの各信号を DTFT すると，

$$y[n] = h[n] * x[n] \leftrightarrow Y(e^{j\omega}) = H(e^{j\omega})X(e^{j\omega}) \quad (9.17)$$

が成立する (表 7.2 参照)．この結論は，図 9.7 に示す DTFT によるたたみ込みの計算法を示唆する．

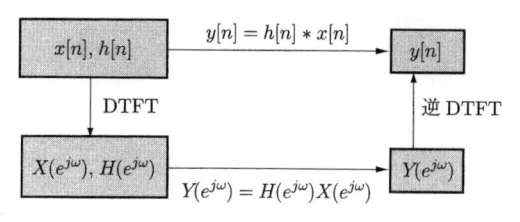

図 9.7 DTFT による直線たたみ込み

一方，N 点の有限長信号 $x[n]$ と $h[n]$, $n = 0, 1, \cdots, N-1$ に対して，周期的たたみ込み (3.4 参照) を考えると，

$$y[n] = h[n] \circledN x[n] \leftrightarrow Y[k] = H[k]X[k] \tag{9.18}$$

が成立する (例題 9.3 参照)．ここで $Y[k]$, $H[k]$ および $X[k]$ は，それぞれ $y[n]$, $h[n]$ および $x[n]$ の N 点 DFT である．DFT は FFT を用いて高速に実行可能である．しかし，一般に周期的たたみ込みと直線たたみ込みの結果は一致しない．したがって，FFT により直線たたみ込みを実行するためには，両者の結果が一致する条件を考慮する必要がある．

(2) 周期的たたみ込み

M 点の信号 $x[n]$, $n = 0, 1, \cdots, M-1$ と L 点のインパルス応答 $h[n]$, $n = 0, 1, \cdots, L-1$ の直線たたみ込み

$$y[n] = \sum_{k=0}^{M-1} x[k]h[n-k] \tag{9.19}$$

を考えよう．上式の直線たたみ込み $y[n]$ の点数 M_y は，$M_y = M + L - 1$ となる (式 (3.31) 参照)．そこで，$x[n]$ と $h[n]$ に周期 N

$$N \geq M + L - 1 \tag{9.20}$$

を仮定 (零値を追加して N 点信号に再定義) し，直線たたみ込みを周期的たたみ込みに帰着させると，両者の結果は一致する (3.4 章参照)．ゆえに，図 9.8 のアプローチが可能となる．以上の手順は，次のようにまとめられる．

① $N \geq M + L - 1$ を決める
② 零値を追加し，$x[n]$, $h[n]$ を N 点信号として再定義する．
③ $x[n]$, $h[n]$ の N 点 DFT $X[k]$, $H[k]$ を求める．
④ $Y[k] = H[k]X[k]$ を求める．
⑤ $Y[k]$ を IDFT し，$y[n]$ を求める．

9 FFT とその応用

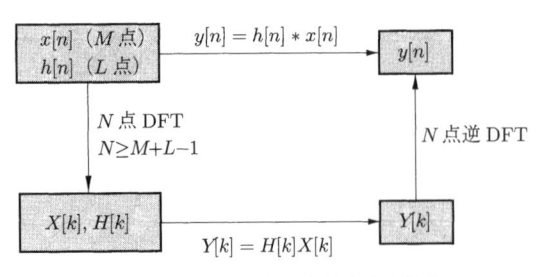

```
x[n] (M点)     y[n] = h[n] * x[n]      y[n]
h[n] (L点)  ──────────────────────▶

   │                                      ▲
 N点DFT                                N点逆DFT
 N≥M+L-1                                
   │                                      │
   ▼                                      
X[k], H[k]     Y[k] = H[k]X[k]         Y[k]
```

図 **9.8**　DFT による直線たたみ込み

DFT は FFT により実行可能となるため，フーリエ変換に要する演算量を低減して，たたみ込みを計算することができる．$x[n]$ が無限長の場合においても，$x[n]$ を分割することにより，このFFT を用いたアプローチは有効となる (コラム H 参照)．

【**例題 9.3**】　式 (9.18) の関係を導出せよ．

【**解答**】　$x[n]$ に周期 N を仮定して周期的たたみ込みを実行し，それらを DFT すると，

$$\begin{aligned}
Y[k] &= \sum_{n=0}^{N-1} h[n] \circledN x[n] W_N^{nk} = \sum_{n=0}^{N-1}\sum_{l=0}^{N-1} h[l]x[n-l]W_N^{nk} \\
&= \sum_{l=0}^{N-1} h[l] \sum_{n=0}^{N-1} x[n-l]W_N^{nk} = \sum_{l=0}^{N-1} h[l] \sum_{n=0}^{N-1} x[n-l]W_N^{(n-l)k} W_N^{lk} \\
&= \sum_{l=0}^{N-1} h[l] W_N^{lk} \sum_{n=0}^{N-1} x[n-l] W_N^{(n-l)k} \\
&= H[k]X[k]
\end{aligned}$$

を得る．　□

【**例題 9.4**】　直線たたみ込みを直接計算した場合と FFT を用いた場合について必要な乗算回数を比較せよ．

【**解答**】　M 点の $x[n]$ と L 点の $h[n]$ の直線たたみ込みを考える．時間領域のたたみ込みでは，1 出力点あたりの乗算回数は L である．したがって，$N = M + L - 1$ 点の出力を求めるに要する乗算回数は，

$$D_M = L \times N \tag{9.21}$$

となる．一方 N 点 FFT を用いてたたみ込みを実行すると，2 回の N 点 FFT と 1 回の IFFT，N 回の乗算が N 点出力のために必要となる．ゆえに，その場合の乗算回数は

$$F_M = 3(N/2)(\log_2 N - 1) + N \tag{9.22}$$

と表される.$L = 100$, $N = 1024$ とすると,$D_M = 102400$,$F_M = 14848$ となる.一般に L が大きいほど,FFT アプローチが効果的となる. □

9.3 窓関数と FFT

信号の長さが適当な有限長であれば,その周波数解析を DFT に基づき行うことができ,FFT アルゴリズムを使用できる.したがって,コンピュータを用いて周波数解析を容易に行うことができる.しかし,音声信号に代表されるように,ディジタル信号において取り扱われる信号の多くは,非常に長く,データ量が膨大である.そこで,長い時間信号のある区間を切り出し,その繰り出された信号に対して周波数解析を行う必要がある.ここでは,この信号の切り出しの方法と,切り出しの影響について説明する.

9.3.1 窓関数とその影響

まず,信号の切り出しに用いる窓関数と,その切り出しの影響を説明する.

(1) 窓関数

図 9.9 (a) に示す信号 $x[n]$ の有限区間を切り出す方法を検討しよう.対象信号 $x[n]$ に有限な範囲外で零値を取る $w[n]$ を乗じることにより,信号の切り出しを行う(図 9.9 (b) 参照).すなわち

$$x_w[n] = x[n]w[n] \tag{9.23}$$

と切り出された信号 $x_w[n]$ を解析する.切り出しに用いた有限の信号 $w[n]$ を**窓関数** (window function) という.一般に,$x_w[n]$ の周波数スペクトルは,$x[n]$ のスペクトルと異なってしまう.したがって,信号の切り出しのスペクトルへの影響について理解する必要がある.

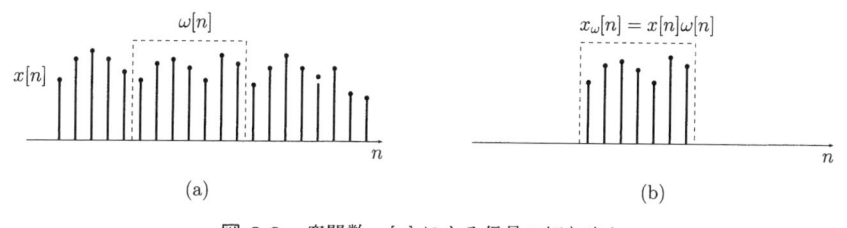

図 9.9 窓関数 $w[n]$ による信号の切り出し

(2) 切り出しの影響

正弦波信号

$$x_N[n] = \cos(\omega_0 n)$$
$$= (1/2)e^{-j\omega_0 n} + (1/2)e^{j\omega_0 n} \qquad (9.24)$$

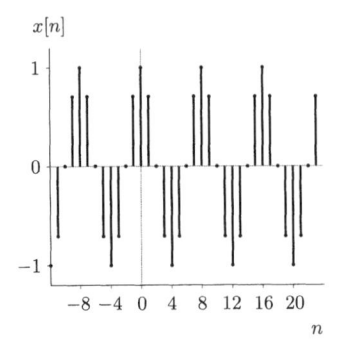

を例にしよう (図9.10(a)). ここで, $\omega_0 = \pi/4$ である. この信号は, 周期的な離散時間信号であるので, スペクトル表現はDTFSに基づき行われる. 上式は式 (7.15) より,

$$x_N[n] = (1/N)(X_N[-1]e^{-j\omega_0 n} + X_N[1]e^{j\omega_0 n}) \qquad (9.25)$$

と表現され, $N = 8$ であり, $X_N[-1] = X_N[1] = 4$ となる. したがって, 図 9.10(b) の周波数スペクトルが対応する.

さて, 図9.11(a) に示すように, 窓関数 $w[n]$ を $x_N[n]$ を乗じて, 信号を切り出す. 次に, この $x_w[n] = x_N[n]w[n]$ と $x_N[n]$ の周波数スペクトルの違いを調べる. その違いを, 信号を切り出した影響と考えることができる. 結論は, $x_w[n]$ の周波数スペクトル (DTFT) として図9.11(b) を得る. 以下でこの理由を説明する.

まず, $x_w[n] = x_N[n]w[n]$ は, 式 (9.24) から

$$x_w[n] = (1/2)w[n]e^{-j\omega_0 n} + (1/2)w[n]e^{j\omega_0 n} \qquad (9.26)$$

となる. ゆえに, $x_w[n]$ の DTFT $X_w(e^{j\omega})$ は, 周波数シフトの性質 (式 (7.33) 参照) から

$$X_w(e^{j\omega}) = (1/2)W(e^{j(\omega+\omega_0)}) + (1/2)W(e^{j(\omega-\omega_0)}) \qquad (9.27)$$

(a) 時間信号

(b) 周波数スペクトル

図 **9.10**　正弦波信号 ($\omega_0 = \pi/4$)

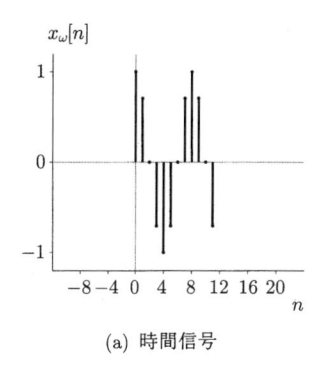

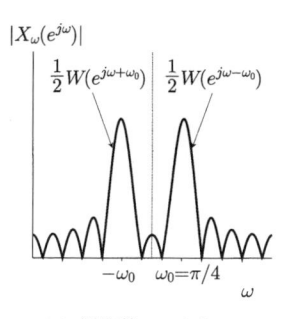

(a) 時間信号 　　(b) 周波数スペクトル

図 **9.11** 切り出された正弦波信号 (窓長 12)

と表現される．ただし，$W(e^{j\omega})$ は $w[n]$ の DTFT である．以上のように，窓関数 $w[n]$ の DTFT $W(e^{j\omega})$ が周波数シフトした形で，信号の切り出しの影響が現れることがわかる．

$x_N[n]$ が正弦波以外のより一般的な場合には，周波数領域のたたみ込み (表 7.2 参照) として窓による切り出しの影響が表れる．

(3) メインローブとサイドローブ

さらに詳しく切り出しの影響を調べるため，窓関数の周波数スペクトル $W(e^{j\omega})$ に着目しよう．図 9.12 (a) は，図 9.11 の例で用いた窓関数とその周波数スペクトルである．$\omega = 0$ を中心に存在するスペクトルの主部を**メインローブ** (main lobe)，メインローブ以外のスペクトルを**サイドローブ** (side lobe) という．

図 9.11 と図 9.10 の比較から，切り出しの影響を抑えるためには，窓関数は，以下の条件を満たすことが望まれることがわかる．

- □ メインローブが急峻であること
- □ サイドローブが小さいこと

しかし，ある限られた長さの窓関数では，両者を同時に望むことができず，互いにトレードオフの関係にあることが知られている．

また，窓関数の長さに自由度がある場合には，メインローブの改善のために，許容できる最大の長さを使用すべきである．例えば，図 9.12 (b) に示すように，窓関数の長さを 2 倍にすると，スペクトルは周波数上で半分に縮小し，結果としてメインローブは急峻となる (例題 9.5 参照)．また，窓関数の種類を選択することにより，同じ窓長であってもサイドローブとメインローブの関係を変更できる

144   9 FFT とその応用

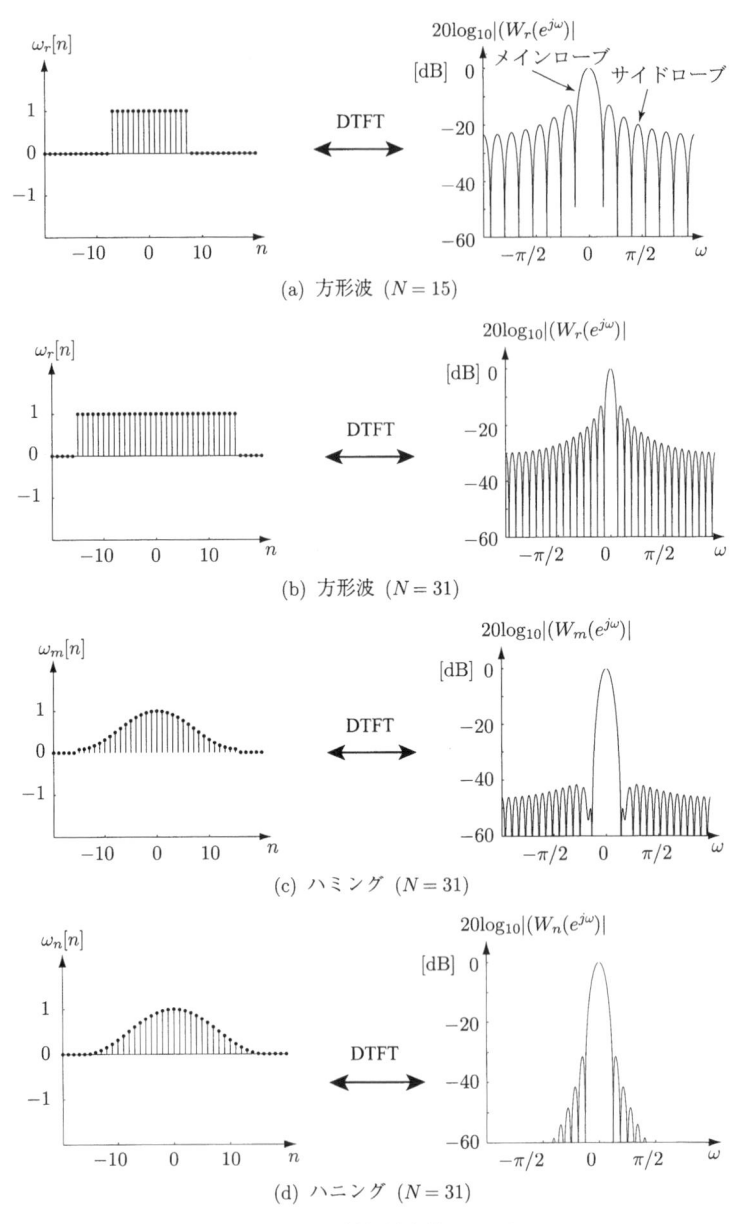

(a) 方形波 ($N=15$)

(b) 方形波 ($N=31$)

(c) ハミング ($N=31$)

(d) ハニング ($N=31$)

図 **9.12** 窓関数と周波数スペクトル

9.3 窓関数と FFT

(図 9.12(c)(d)). メインロープの急峻さは，近接した周波数スペクトルを持つ信号を解析する場合に，サイドロープは大きさの異なるスペクトルを解析する場合に重要である (例題 9.6 参照).

【例題 9.5】 $x(t)$ の FT を $X(\Omega)$ とするとき，$x(at)$ の FT が $1/a \cdot X(\Omega/a)$ となることを示せ．ただし，a は正の実数とする．

【解答】 式 (8.9) より，$\int_{-\infty}^{\infty} x(at)e^{-j\Omega t}dt = 1/a \int_{-\infty}^{\infty} x(l)e^{-j\Omega l/a}dl = 1/a \cdot X(\Omega/a)$ となる．ただし，$l = at$ と置いた．これは，時間のスケール変換 (伸張，縮小) が周波数では逆のスケール変換 (縮小，伸張) に対応することを意味する． □

【例題 9.6】 3[Hz], 3.8[Hz], および 4[Hz] の正弦波信号の合成信号
$$x(t) = \cos(8\pi t) + 0.5\cos(7.6\pi t) + 0.025\cos(6\pi t)$$
を $F_s = 16$[Hz] でサンプリングした信号を考える．窓長 32 と 256 点の窓関数を用いて周波数スペクトルを求めよ．

【解答】 図 9.13 (a)(b)(c) を得る．窓長が短いと，メインロープが近接スペクトルを含んでしまい，スペクトルの分離ができないことがわかる．(b) と (c) の比較から，小さな値のスペクトルの検出のためには，サイドロープレベルの小さな窓関数 (ハミング窓) を選択する必要があることがわかる． □

9.3.2 代表的な窓関数

窓関数のメインロープとサイドロープが，周波数解析において重要な役割を果たすことを述べた．メインロープとサイドロープの違いにより，種々の窓関数が知られている．表 9.3 に代表的な窓関数を与える．以下では，これらの窓関数について補足しよう．

表 9.3 代表的な窓関数 長さ $N = 2M + 1$, $|n| \leq M$

方形窓	$w_r[n] = 1$
ハニング窓	$w_n[n] = 0.5 + 0.5\cos\left(\dfrac{2\pi n}{N-1}\right)$
ハミング窓	$w_m[n] = 0.54 + 0.46\cos\left(\dfrac{2\pi n}{N-1}\right)$
ブラックマンハリス窓	$w_b[n] = 0.42 - 0.5\cos\left(\dfrac{2\pi n}{N-1}\right) + 0.08\cos\left(\dfrac{4\pi n}{N-1}\right)$

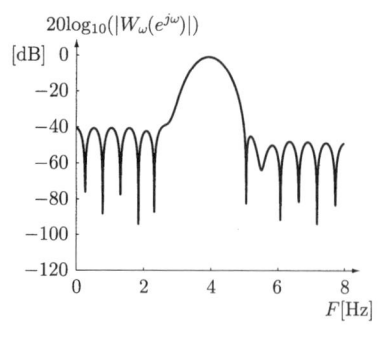

(a) ハミング窓 $N=31$

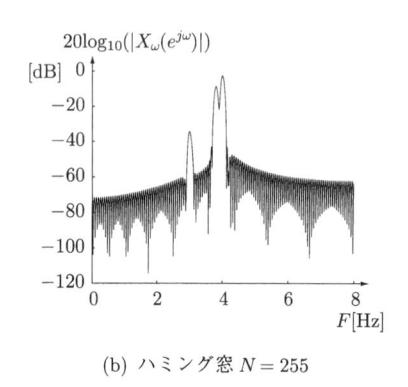

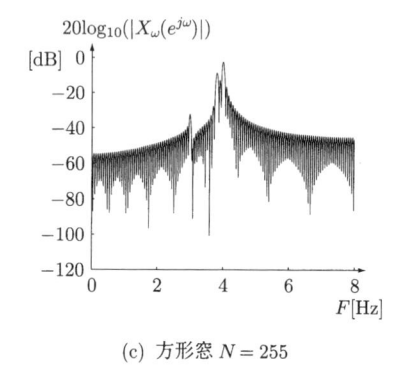

(b) ハミング窓 $N=255$

(c) 方形窓 $N=255$

図 **9.13**　例題 9.6

(1) 方形窓 (rectangular window)
この窓関数は，信号のひずみが少なく，基本的で単純な窓である．他の窓関数と比較したとき，メインローブは急峻であるが，サイドローブの最大値は大きくなってしまう．

(2) ハニング窓 (Hanning window)
この窓関数は，メインローブは方形窓に比べ広いが，サイドローブは急速に小さくなることがわかる．

(3) ハミング窓 (Hamming window)
この窓関数は，メインローブはハニング窓とほぼ同じであるが，サイドローブはメインローブの近くの値が小さく，サイドローブは急速に小さくはならない．

以上のように，メインローブとサイドローブの関係が微妙に異なる多数の窓関

数が知られている．

9.4 相関計算

信号の性質を記述する方法の1つに相関関数がある．これは，ある信号を一定時間ずらしたときに元の信号とどの程度関係があるかを表すものである．それらの計算も DFT を用いると効果的に行えることを示す．

(1) 相関関数

いま，長さ M の2つの信号 $f[n]$, $g[n]$, $n = 0, 1, \cdots, M-1$ を考える．この信号を整数 m だけシフトして，互いに重複する区間の積の時間平均を取ると，

$$s_{fg}[m] = \frac{1}{K} \sum_{n=0}^{M-m-1} f[n]g[n+m], \quad -M < m < M \tag{9.28}$$

となる．ここで K は定数であり，平均の意味では $K = M - m$ の選択が妥当であるが，推定精度を考慮して $K = M$ と選ぶ場合が多い．上式は信号 $f[n]$ と $g[n]$ の**相互相関関数**(crosscorrelation function)と呼ばれる．また，$f[n] = g[n]$ のとき，これは**自己相関関数**(autocorrelation function)に対応する．

いま，$f[n]$, $g[n]$ の平均がそれぞれ零であると仮定すると，相互相関関数と自己相関関数はそれぞれ**相互共分散**(cross covariance)，**自己共分散**(auto covariance)と呼ばれる．この仮定は，信号の平均値をあらかじめ信号の各値から差し引くことにより成立する．

【例題 9.7】 図 9.14(a) の信号の自己相関を求めよ．

【解答】 $M = 2$, $f[n] = g[n]$ のもとで，式 (9.28) を計算すると同図 (b) を得る．ただし，$K = M$ とした．　　□

【例題 9.8】 自己相関関数の以下の性質を導け

$$s_{ff}[0] \geq s_{ff}[m] \tag{9.29}$$

【解答】 以下のように導ける．

$$\frac{1}{K} \sum_{n=0}^{M-m-1} (f[n] - f[n+m])^2 = \frac{1}{K} \sum_{n=-\infty}^{\infty} (f[n] - f[n+m])^2$$

$$= \frac{1}{K} \sum_{n=-\infty}^{\infty} (f^2[n] + f^2[n+m] - 2f[n]f[n+m]) \geq 0$$

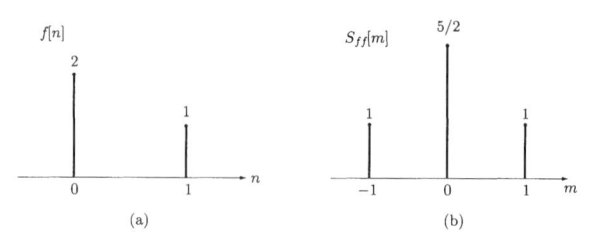

図 9.14 例題 9.7

ゆえに,
$$s_{ff}[0] + s_{ff}[0] - 2s_{ff}[m] \geq 0 \qquad (9.30)$$
また, $s_{ff}[m] = 0, m \neq 0$ である信号は, 無相関信号と呼ばれる. □

(2) 相関関数の DTFT

相関関数を DTFT すると
$$S_{fg}(e^{j\omega}) = \frac{1}{K}\overline{F}(e^{j\omega})G(e^{j\omega}) \qquad (9.31)$$
が成立する. 上式の $F(e^{j\omega})$, $G(e^{j\omega})$ はそれぞれ, $f[n]$, $g[n]$ の DTFT である. また, $\overline{F(e^{j\omega})}$ は $F(e^{j\omega})$ の複素共役である. 相互相関関数の DTFT である $s_{fg}(e^{j\omega})$ をクロス・パワー・スペクトルという. これは,
$$s_{fg}[m] = s_{gf}[-m] \qquad (9.32)$$
$$S_{fg}(e^{j\omega}) = S_{gf}(e^{-j\omega}) \qquad (9.33)$$
という性質を持つ (演習問題参照).

つぎに自己相関関数 $s_{ff}[n]$ の DTFT を考えると
$$S_{ff}(e^{j\omega}) = \frac{1}{K}\overline{F}(e^{j\omega})F(e^{j\omega}) = \frac{1}{K}|F(e^{j\omega})|^2 \qquad (9.34)$$
を得る. この自己相関関数の DTFT である $S_{ff}(e^{j\omega})$ をパワー・スペクトルという.

【例題 9.9】 式 (9.31) を導け

【解答】

$$S_{ff}(e^{j\omega}) = \frac{1}{K}\sum_{m=-\infty}^{\infty}\left(\sum_{n=0}^{M-m-1}f[n]g[n+m]\right)e^{-j\omega m}$$

$$= \frac{1}{K}\sum_{m=-\infty}^{\infty}\sum_{n=-\infty}^{\infty}f[n]g[n+m]e^{-j\omega m}$$

$$= \frac{1}{K}\sum_{n=-\infty}^{\infty}f[n]\sum_{m=-\infty}^{\infty}g[n+m]e^{-j\omega(n+m)}e^{j\omega n}$$

$$= \frac{1}{K}\sum_{n=-\infty}^{\infty}f[n]e^{j\omega n}\sum_{m=-\infty}^{\infty}g[n+m]e^{-j\omega(n+m)}$$

$$= \frac{1}{K}\overline{F}(e^{j\omega})G(e^{j\omega}) \tag{9.35}$$

□

(3) 相関関数の DFT 推定法

DTFT の計算を DFT に基づき実行することにより，相関関数の計算を DFT, すなわち FFT を用いて計算可能となる．具体的な実行手順は以下の通りである．

① DFT 点数 N を $N \geq 2M - 1$ と決定する．
② 零値を追加して $f[n]$, $g[n]$ を N 点数列として再定義する．
③ $f[n]$, $g[n]$ の N 点 DFT $F[k]$, $G[k]$ を求める．
④ 複素共役積 $S_{fg}[k] = (1/K)\overline{F}[k]G[k]$, $k = 0, 1, \cdots, N-1$ を計算する．
⑤ $S_{fg}[k]$ の N 点 IDFT $s'_{fg}[m]$ を求める．
⑥ 周期性に注意して $s'_{fg}[m]$ を相関 $s_{fg}[m]$ に対応させる．すなわち，

$$s_{fg}[m] = \begin{cases} s'_{fg}[m] & m = 0, 1, \cdots, M-1 \\ s'_{fg}[N+m] & m = -1, -2, \cdots, -M+1 \end{cases} \tag{9.36}$$

【例題 9.10】 図 9.14 (a) の信号の自己相関を上述の DFT 推定法に基づき求めよ．ただし，$k = M$ を仮定する．

【解答】 $N \geq 2M - 1 = 3$ より，$N = 4$ と選ぶ．次に $f[n]$ を $N = 4$ 点 DFT すると，$(3, 2-j, 1, 2+j)$ を得る．$S_{ff}[k] = 1/K \cdot \overline{F[k]}F[k]$ として $1/2 \cdot (9, 5, 1, 5)$ を得る．ゆえに，$S_{ff}[k]$ の 4 点 IDFT を実行すると，$s_{ff}[m] = (5/2, 1, 0, 1)$ を得る．したがって式 (9.36) に従い整理すると図 9.14(b) となる． □

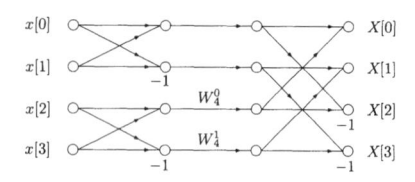

図 9.15　演習問題 (1) の説明

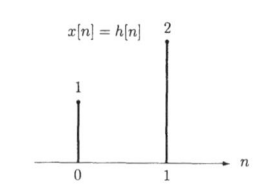

図 9.16　演習問題 (3) の説明

演 習 問 題

(1) 図 9.15 の計算手順を行列を用いて記述せよ．
(2) $N = 2^8 = 256$, $N = 2^{10} = 1024$ の場合について，DFT を直接計算した場合と FFT を用いた場合の乗算回数をそれぞれ比較せよ．
(3) 図 9.16 の $x[n]$ と $h[n]$ の直線たたみ込みを DFT を用いて実行せよ．
(4) 相関関数の性質 $s_{fg}[m] = s_{gf}[-m]$ を証明せよ．
(5) $F_s = 1[\text{kHz}]$ でサンプリングされた信号 $x[n]$ を窓関数 $w[n]$ により有限長 N で切り出し，FFT によりスペクトル解析を行いたい．スペクトルの計算きざみを $10[\text{Hz}]$ とすると，窓長はどのように選択すべきか．
(6) $x(t)$ の信号のスペクトルを $0 \sim 20[\text{kHz}]$ までを $10[\text{Hz}]$ の細かさで計算したい．実行手順を示せ．
(7) $f[n]$ が実数であるとき，その DFT $F[k]$ はどのような制約を受けるか．
(8) 伝達関数 $H(z) = h[0] + h[1]z^{-1} + h[2]z^{-2}$ の周波数特性を 1024 点 FFT を用いて計算したい．FFT の 1024 点データ $f[n]$ をどのように用意すればよいかを示せ．

コラム H　重複加算法と重複保持法

　無限長信号 (長さが非常に長い) に対する直線たたみ込みを，信号をブロック分割し，実行する方法を紹介する．これは，FFT によるたたみ込みを実行する場合や，並列にたたみ込みを実行する場合に有用である．

(1) 重複加算法

　今，図 H.1 の信号 $x[n]$ に対する直線たたみ込みを考える．無限長信号 $x[n]$ を長さ

コラム H　重複加算法と重複保持法　　　　　　　　　　　　　151

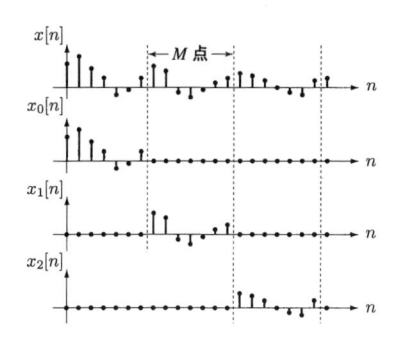

図 **H.1**　重複加算法におけるデータ分割

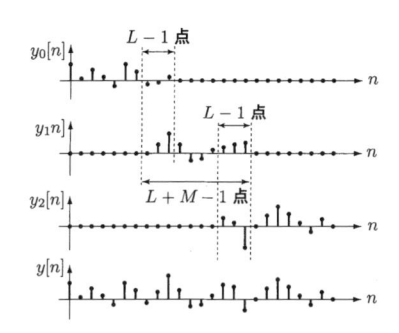

図 **H.2**　重複加算法における出力の処理

M の隣接したブロックに区分し，有限長信号 $x_i[n], i = 0, 1, 2, \cdots$，を定義する．
次に，長さ L のインパルス応答 $h[n], n = 0, 1, \cdots, L-1$ と各 $x_i[n]$ のたたみ込みを実行する．すなわち

$$y_i[n] = h_i[n] * x_i[n] \tag{H.1}$$

を求める．この $y_i[n]$ は，$x[n]$ と $h[n]$ のたたみ込み結果である $y[n]$ と

$$\begin{aligned} y[n] &= h[n] * x[n] \\ &= \sum_{i=0}^{\infty} y_i[n] \end{aligned} \tag{H.2}$$

と関係する．

図 H.2 は，このようすを説明したものである．$y_i[n]$ の点数 N は，$N = M + L - 1$ となるので，$y_i[n]$ と $y_{i+1}[n]$ の間に $L-1$ 点の重なりが生じる．式 (H.2) は，この重なりを各々において単に加算する処理を意味する．この方式を重複加算法 (overlap add method) という．この方式の妥当性は，システムの線形性から容易に説明される．

(2) 重複保持法

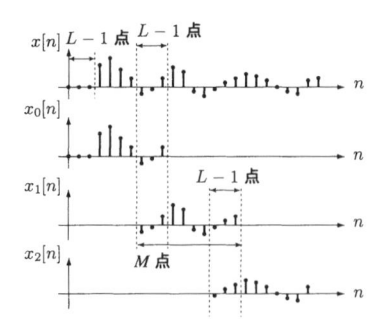

図 H.3 重複保持法におけるデータの分割

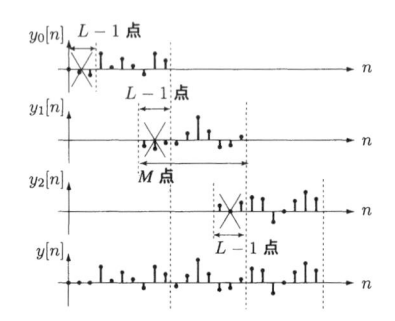

図 H.4 重複保持法における出力の処理

　もう1つの方法が重複保持法 (overlap save method) である．重複加算法と比べたとき，計算手順として2つの大きな違いがある．1つは，入力信号を各ブロック毎に区分する際に重複したデータを使用することであり，他の1つは，各ブロックごとのたたみ込みが周期的たたみ込みであることである．

　いま，図 H.3 のように $x[n]$ を $L-1$ 個重複して M 点のブロック $x_i[n]$ に区分する．ただし，$x[n]$ の先頭に $L-1$ 点の零値を追加する．いま，

$$M \geq L \tag{H.3}$$

のもとで，周期 M を仮定する．周期 M の周期的たたみ込み $y_i[n] = h[n] \text{\textcircled{M}} x_i[n]$ を求める．図 H.4 は，そのようすを説明している．周期的たたみ込みの結果である $y_i[n]$ は，因果性システムを仮定すると，先頭の $L-1$ 点が直線たたみ込みの結果と一致しない（例題 3.10 参照）．そこで先頭 $L-1$ 点を除いた $y_i[n]$ を用いて信号を合成することにより，$y[n]$ を得ることができる．

10 ディジタルフィルタ

ディジタルフィルタは，雑音の除去，信号の帯域制限などの非常に多くの応用を持つ重要なシステムである．本章では，先に述べた線形時不変システムを，特にディジタルフィルタという立場から説明する．

10.1 ディジタルフィルタとは

(1) フィルタ

信号の基本的な処理にフィルタリングがある．これを行うシステムがフィルタである．線形時不変なフィルタは，たたみ込みを実行するシステムである．

フィルタリングの目的の1つは，入力信号に含まれる特定の周波数成分を通過させ，それ以外の成分を阻止することである．特に，このことを目的とするフィルタを，しばしば周波数選択性フィルタという．非線形なフィルタなども存在するが，本章では線形時不変なフィルタについて話題を展開する．

(2) ディジタルフィルタ

フィルタにはアナログフィルタとディジタルフィルタがある．ディジタルフィルタは，ディジタル信号を入力し，ディジタル信号を出力するシステムである．本章で述べたように，その周波数特性はサンプリング周波数を周期として周期的となる．

10.2 ディジタルフィルタの分類

ディジタルフィルタには種々の分類法がある．ディジタルフィルタの詳細を理解する前に，この分類を理解することが必要である．

10.2.1 特性による分類
(1) 振幅特性による分類

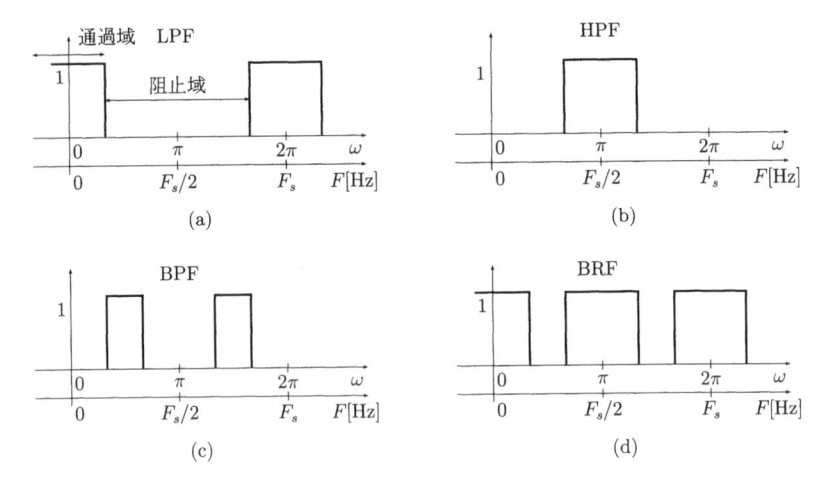

図 10.1 振幅特性によるフィルタの分離

ディジタルフィルタの周波数特性 $H(e^{j\omega})$ は，極座標表現すると

$$H(e^{j\omega}) = A(\omega)e^{j\theta(\omega)} \tag{10.1}$$

振幅特性 $A(\omega)$ と位相特性 $\theta(\omega)$ にわけて表現される．このフィルタの振幅特性の違いにより，フィルタを分類する．図 10.1 に代表的な振幅特性を示す．信号を通す帯域 (図中では，振幅値 1 の帯域) を **通過域** (pass band)，信号を遮断する帯域を **阻止域** (stop band) という．通過域と阻止域の配置から

- 低域通過フィルタ (low pass filter, LPF)
- 高域通過フィルタ (high pass filter, HPF)
- 帯域通過フィルタ (band pass filter, BPF)
- 帯域阻止フィルタ (band reject filter, BRF)

と分類される．

高域通過フィルタは，ディジタルフィルタの取り扱える信号の最高の周波数 $F_s/2$ に対して，通過域を持つ特性である．帯域通過フィルタは，$F_s/2$ と直流に通過域を持たない．帯域阻止フィルタは，その逆の特性を持つ．図 10.1 において，振幅特性は，周期性 ($A(\omega) = A(\omega + 2\pi)$) と偶対称性 ($A(\omega) = A(-\omega)$) の制約を受けていることに注意する (5.3 参照)．

(2) 位相特性による分類

画像処理や波形伝送などへの応用では，振幅特性だけでなく，位相特性 $\theta(\omega)$ も重要である．そのような応用では，後述するように直線位相特性を持つことが

10.2 ディジタルフィルタの分類

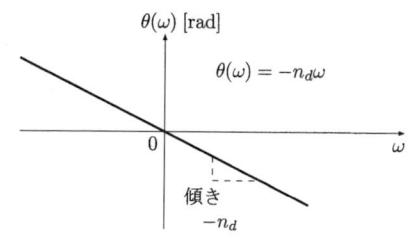

図 10.2 直線位相特性の例

求められる．直線位相特性とは，位相特性を角周波数 ω で微分した値

$$n_d = -\frac{d\theta(\omega)}{d\omega} \tag{10.2}$$

が定数となる特性である．これは，位相特性の傾き n_d が一定であることを意味する．また上式の n_d を**群遅延量** (group delay) という．例えば，図 10.2 の位相特性は直線位相である．上式が成り立つ位相特性は，明らかに

$$\theta(\omega) = -n_d\omega - \theta_0 \tag{10.3}$$

と ω に対して直線的な特性である．ここで，θ_0 は任意の定数である．

直線位相特性を持つディジタルフィルタを，特に**直線位相フィルタ** (linear phase filter) という．この特性の実現には，一般に FIR フィルタを用いて実現される．

(3) IIR と FIR の比較

線形時不変システムは，FIR(有限インパルス応答) システムと IIR(無限インパルス応答) システムに分類できることを先に述べた．同様に，ディジタルフィルタも両者に分類される．

ディジタルフィルタを FIR システムとして実現するか，IIR システムとして実現するかにより，フィルタの特徴が異なる．表 10.1 に両者の違いをまとめる．FIR フィルタを使用する利点は，常に安定性が保証される点，直線位相特性 (詳細な説明は 10.3) を実現できる点にある．その欠点，すなわち IIR フィルタの利点は，同じ振幅特性を実現する際に，伝達関数の次数を低くできる点にある．この特徴は，フィルタ処理に伴う演算量を低減する．

実際の応用では，以上の特徴を考慮して，まず最初にどちらのフィルタを使用するのかを決定する．

【例題 10.1】 例題 3.4 の 3 点移動平均を計算するシステムを，上述に基づき分類せよ．また群遅延量を求めよ．

表 10.1 FIR フィルタと IIR フィルタの比較

	FIR フィルタ	IIR フィルタ
安定性	常に安定	注意必要
直線位相特性	完全に実現可能	実現が困難
伝達関数の次数	高い	低い

【解答】 FIR フィルタであり，低域通過フィルタであり，直線位相フィルタである．$\theta(\omega) = -\omega$ より，群遅延量 n_d は，$n_d = 1$ である．これは，1 サンプル (T_s[sec]) の遅延を意味する．□

10.2.2 理想フィルタ

図 10.1 の振幅特性は，厳密には実現することができない．実現可能なフィルタとは何かについて説明しよう．

(1) 理想フィルタ

理想フィルタを説明する．理想フィルタは，振幅特性と位相特性に関して次に示す特徴を持つ．

- ☐ 通過域の振幅値は一定
- ☐ 阻止域の振幅値は零
- ☐ 通過域から阻止域に不連続に切り変わる
- ☐ 零位相 (直線位相) を持つ[1]

以上の条件をすべて満たすとき，それを理想フィルタという．すなわち，図 10.1 のような振幅特性を持ち，位相ひずみを発生させない位相特性を持つフィルタである．振幅特性に関する条件を満たすことができないため，理想フィルタは実現不可能であるが，理論的な考察を行う場合に重要な役割を果たす．

(2) 実際のフィルタ

実際使用されるフィルタは，理想フィルタを近似した特性を持つ．図 10.3 の振幅特性を例にして，実際のフィルタ特性を説明する．理想フィルタと以下の点が異なる．

- ☐ 通過域の振幅値は一定ではなく，通過域誤差 δ_p (デルタ) を持つ．
- ☐ 阻止域の振幅値は零ではなく，阻止域誤差 δ_s を持つ．
- ☐ 通過域と阻止域の間に，**過渡域** (あるいは遷移域) という帯域を持つ．

---

[1] 零位相特性とは，周波数特性が実数値を持つ特性である．このシステムは因果性を満たすことができないが (例題 5.5 参照)，処理遅延も含め処理結果に位相ひずみを発生させない．

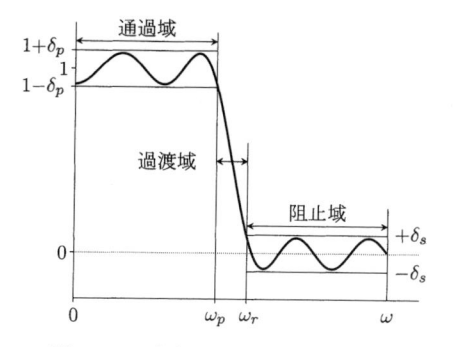

図 **10.3** 実際のフィルタの振幅特性

□ 因果性システムでは零位相以外の位相特性を持つ.
また,通過域の始まる角周波数を**通過域端角周波数** ω_p, 阻止域が始まる角周波数を**阻止域端角周波数** ω_r という.阻止域誤差 δ_s の代わりに阻止域減衰量 $(1-|\delta_s|)$ を用いることもある.

理想フィルタに近いほど,すなわち通過域誤差,阻止域誤差が小さく,過渡域が狭いほど,高次の伝達関数が必要となり,実現が複雑となる.また,帯域通過フィルタおよび帯域阻止フィルタでは,特性を規定するために,通過域端周波数,阻止域端周波数をそれぞれ 2 つ指定する必要があることを注意しておく.

10.3 直線位相フィルタ

波形伝送や画像処理を行う場合には,一般に直線位相特性を有するフィルタが用いられる.ここでは,FIR フィルタにより容易に直線位相フィルタが実現できることを述べよう.

10.3.1 位相ひずみ

(1) 位相ひずみ

図 10.4 (a) の信号 $x(t)$ は,

$$x(t) = x_1(t) + x_2(t) + x_3(t) \tag{10.4}$$

のように図 7.1(a) の信号の合成により表現される.各成分が同じ時間 t_0 だけずれた時,$x(t)$ は

$$x(t-t_0) = x_1(t-t_0) + x_2(t-t_0) + x_3(t-t_0) \tag{10.5}$$

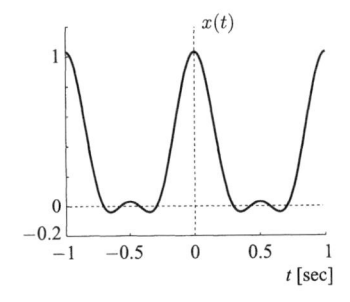

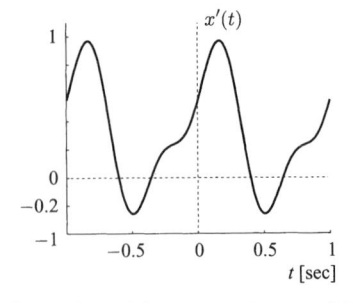

(a) $x(t) = x_1(t) + x_2(t) + x_3(t)$ (b) $x'(t) \neq x(t - t_0)$ ($t_1 = 0$, $t_2 = 0.1$, $t_3 = 0.2$[sec])

図 **10.4** $x(t) = x_1(t_1) + x_2(t_2) + x_3(t_3)$

のように単に時間 t_0 だけシフトされる．一方,
$$x'(t) = x_1(t - t_1) + x_2(t - t_2) + x_3(t - t_3) \tag{10.6}$$
のように各成分の時間のずれ ($t_i, i = 1, 2, 3$) が一定でない場合，合成信号 $x'(t)$ は $x(t)$ と大きく異なる波形となる．図 10.4(b) はこれを例示したものである．このように位相のずれが起因して生じるひずみを**位相ひずみ**(phase distortion) という．

(2) 位相ひずみの回避

直線位相特性により，位相ひずみを回避できることを説明する．いま，信号 $x[n] = \cos(\omega n)$ を周波数特性 $H(e^{j\omega}) = e^{j\theta(\omega)}$(振幅値は 1) を持つシステムに入力しよう．このとき，出力信号 $y[n]$ は
$$y[n] = \cos(\omega n + \theta(\omega)) \tag{10.7}$$
と与えられる．$\theta(\omega) = -n_d \omega$ を仮定すると,
$$y[n] = \cos(\omega n - n_d \omega) \tag{10.8}$$
となり，
$$y[n] = \cos(\omega(n - n_d)) = x[n - n_d] \tag{10.9}$$
と整理される．上式は，ω の値にかかわらず，常に n_d サンプルの時間遅延が生じることを意味する．この結論は，正弦波入力に限らず任意の信号 $x[n]$ に対して，フーリエ解析と線形時不変システムの性質から
$$y[n] = x[n - n_d] \tag{10.10}$$
と成立する．ゆえに，$\theta(\omega) = -n_d \omega$ のもとで，$x[n]$ と $y[n]$ の関係は単なる時間遅延となり，位相ひずみは伴わない．

ここで，N 点の移動平均処理を再び考えよう (式 (5.22))．このシステムは，直線位相特性，群遅延量 $n_d = (N-1)/2$ を持つ．したがって，処理による時間のずれは，$(N-1)/2$ ($N=3$ のとき，$n_d = 1$，$N=9$ で $n_d = 4$) サンプルとなることを確認できる．

【例題 10.2】 式 (10.7) において $\theta(\omega) = -n_d\omega + \pi k$，($k$:整数) を仮定し，$x[n]$ と $y[n]$ の関係を導け．

【解答】 このとき，式 (10.8) は

$$y[n] = \cos(\omega n - n_d\omega + \pi k)$$

となる．k が偶数の場合，$\cos(\omega n - n_d\omega + 2\pi) = \cos(\omega n - n_d\omega)$ から，$y[n] = x[n - n_d]$ となる．k が奇数の場合には，$\cos(\omega n - n_d\omega + \pi) = -\cos(\omega n - n_d)$ から，$y[n] = -x[n - n_d]$ となる．ゆえに，両者とも本質的な位相ひずみは生じない． □

10.3.2 直線位相フィルタの条件

FIR フィルタを用いることにより，直線位相特性を容易に実現できることを述べる．

因果性を満たす FIR フィルタの伝達関数 $H(z)$ は，

$$H(z) = \sum_{n=0}^{N-1} h[n]z^{-n} \tag{10.11}$$

のように記述できる．ここで，実係数 $h[n]$ はインパルス応答である．また $N-1$ をフィルタの次数，N をタップ数またはインパルス応答の個数という．

(1) インパルス応答の対称性

式 (10.11) の FIR システムが直線位相を持つためには，そのインパルス応答が図 10.5 の 4 つの場合のいずれかの対称性を持つ必要がある．すなわち

- 場合 1：個数 N が奇数であり，かつ偶対称 $h[n] = h[N-n-1]$
- 場合 2：個数 N が偶数であり，かつ偶対称 $h[n] = h[N-n-1]$
- 場合 3：個数 N が奇数であり，かつ奇対称 $h[n] = -h[N-n-1]$
- 場合 4：個数 N が偶数であり，かつ奇対称 $h[n] = -h[N-n-1]$

したがって，直線位相フィルタを実現するためには，図 10.5 のいずれかの対称性を持つインパルス応答を使用すればよい

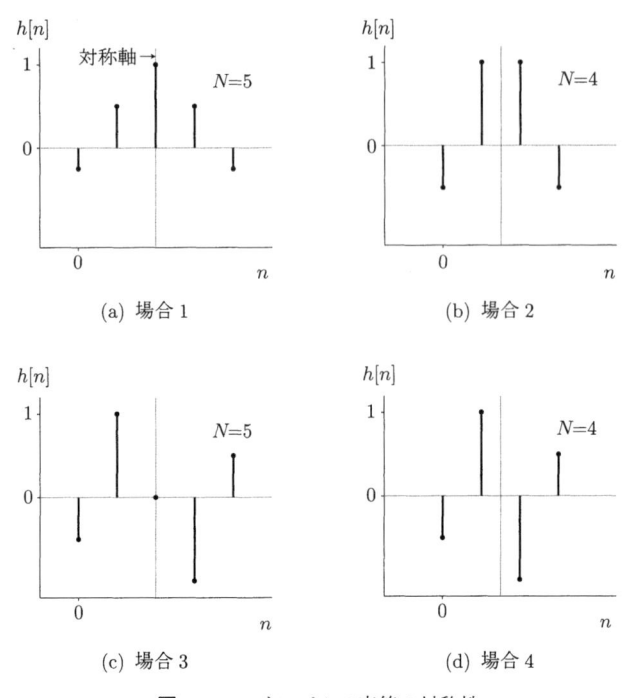

図 **10.5** インパルス応答の対称性

(a) 場合 1　(b) 場合 2　(c) 場合 3　(d) 場合 4

【例題 10.3】 図 10.6 のインパルス応答を持つフィルタの位相特性を判別せよ．

【解答】 (a) 場合 1, (b) 場合 2, (c) 直線位相特性ではない　　　　□

(2) 直線位相フィルタの周波数特性

式 (10.11) の伝達関数を持つ FIR フィルタが直線位相特性を持つとき，その周波数特性

$$H(e^{j\omega}) = A(\omega)e^{j\theta(\omega)} \tag{10.12}$$

は，表 10.2 に示すように整理される (例題 6.5, 例題 6.6 参照)．ここで，$A(\omega)$ は振幅特性，$\theta(\omega)$ は位相特性である．

表 10.2 より，まず位相特性は，インパルス応答の個数 N と対称性のみにより，

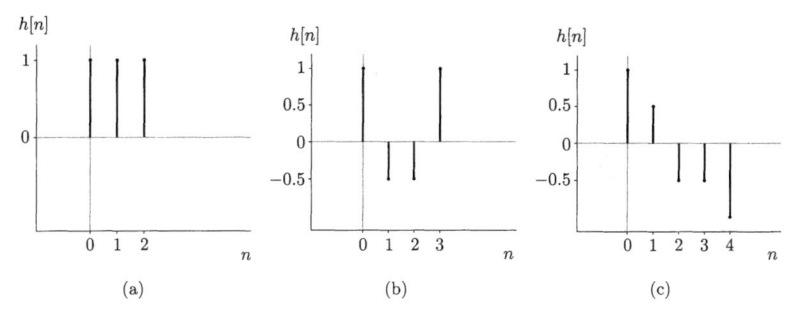

図 10.6 例題 10.3

表 10.2 直線位相フィルタの周波数特性

$h[n]$		N	位相 $\theta(\omega)$	振幅 $A(\omega)$
場合 1	偶対称	奇数	$-\omega(N-1)/2$	$\sum_{n=0}^{(N-1)/2} a_n \cos(\omega n)$
場合 2		偶数	$-\omega(N-1)/2$	$\sum_{n=1}^{N/2} b_n \cos(\omega(n-1/2))$
場合 3	奇対称	奇数	$-\omega(N-1)/2 + \pi/2$	$\sum_{n=1}^{(N-1)/2} a_n \sin(\omega n)$
場合 4		偶数	$-\omega(N-1)/2 + \pi/2$	$\sum_{n=1}^{N/2} b_n \sin(\omega(n-1/2))$

ただし,
$$\begin{cases} a_0 = h[(N-1)/2], a_n = 2h[(N-1)/2 - n], n \neq 0 \\ b_n = 2h[N/2 - n] \end{cases}$$

決定することはわかる．次に述べるように，振幅特性も，インパルス応答の対称性の影響を強く受ける．

【例題 10.4】 場合 2 の直線位相フィルタ $H(z) = h[0] + h[1]z^{-1} + h[2]z^{-2} + h[3]z^{-3}$ の周波数特性を導け．

【解答】 場合 2 の条件から, $h[0] = h[3], h[1] = h[3]$ が成立する．ゆえに, $z = e^{j\omega}$ を代入すると

$$\begin{aligned} H(e^{j\omega}) &= h[0] + h[1]e^{-j\omega} + h[2]e^{-j2\omega} + h[3]e^{-j3\omega} \\ &= h[0](1 + e^{-j3\omega}) + h[1](e^{-j\omega} + e^{-j2\omega}) \\ &= h[0](e^{j3\omega/2} + e^{-j3\omega/2})e^{-j3\omega/2} + h[1](e^{j\omega/2} + e^{-j\omega/2})e^{-j3\omega/2} \\ &= (2h[0]\cos(3\omega/2) + 2h[1]\cos(\omega/2))e^{-j3\omega/2} \qquad (10.13) \end{aligned}$$

を得る．ゆえに，振幅特性と位相特性は

$$A(\omega) = 2h[0]\cos(3\omega/2) + 2h[1]\cos(\omega/2), \theta(\omega) = -(3\omega/2) \tag{10.14}$$

となる．この例は，表 10.2 の場合 2 で $N=4$, $b_1 = 2h[N/2-1] = 2h[1]$, $b_2 = 2h[N/2-2] = 2h[0]$ とおいた場合に相当する． □

(3) 振幅特性の制約

直線位相フィルタを使用する場合に大切な振幅特性の制約を紹介しよう．直線位相フィルタの振幅特性は，インパルス応答の対称性により図 10.7 のような制約を受ける．すなわち

- □ 場合 1：$\omega = \pi$ で偶対称な特性を持ち，低域通過フィルタ (LPF)，帯域通過フィルタ (BPF)，および高域通過フィルタ (HPF) をすべて設計できる．
- □ 場合 2：奇対称な振幅特性を有するため，HPF を設計できない．
- □ 場合 3：振幅特性が奇対称でかつ $\omega = 0$ で零値であるので，LPF および HPF を設計できない．

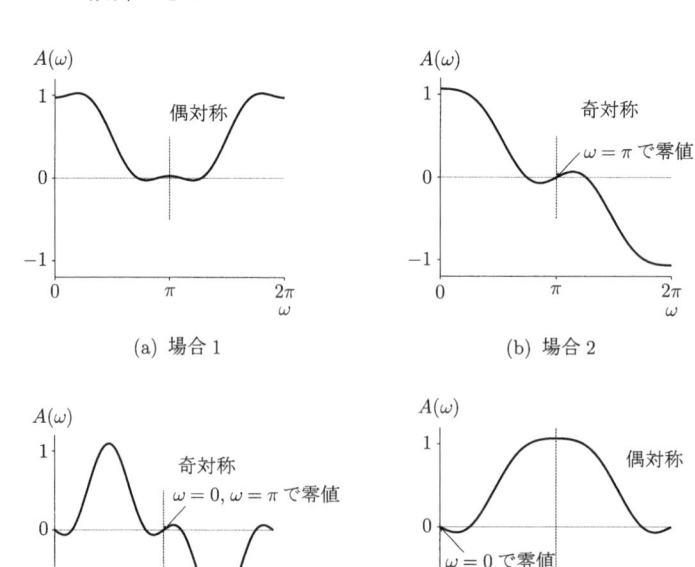

図 **10.7** 直線位相フィルタの振幅特性

□ 場合 4：振幅特性が $\omega = 0$ で零値であるため，LPF を設計できない．

例題 10.4 を再び考えよう．これは，場合 2 である．$\omega = \pi$ を代入すると，$A(\omega) = 0$ となる．したがって，$\omega = \pi$ に通過域を持つことができず，HPF を場合 2 でつくることができないことがわかる．

【例題 10.5】 場合 3 の直線位相フィルタ $H(z) = h[0] + h[1]z^{-1} + h[2]z^{-2}$ の周波数特性を導け．

【解答】 場合 3 の条件から，$h[0] = -h[2]$, $h[1] = 0$ が成立する．ゆえに，$z = e^{j\omega}$ を代入すると

$$\begin{aligned}
H(e^{j\omega}) &= h[0] + h[1]e^{-j\omega} + h[2]e^{-j2\omega} \\
&= h[0](1 - e^{-j2\omega}) = h[0](e^{j\omega} - e^{-j\omega})e^{-j\omega} \\
&= 2jh[0]\sin(\omega)e^{-j\omega} = 2h[0]\sin(\omega)e^{-j(\omega - \pi/2)}
\end{aligned}$$

を得る．ここで，$j = e^{j\pi/2}$ の関係を用いた．ゆえに，振幅特性と位相特性は

$$A(\omega) = 2h[0]\sin(\omega), \theta(\omega) = -(\omega - \pi/2)$$

となる．この例は，表 10.2 の場合 3 で $N = 3$, $a_1 = 2h[(N-1)/2 - 1] = 2h[0]$ とおいた場合に相当する．また，$\omega = 0$ と $\omega = \pi$ の場合に，$A(\omega) = 0$ となり，HPF と LPF が実現できないことがわかる． □

【例題 10.6】 $x[n] = \cos(\pi n/2) + 1$ の直流成分を除去し，$y[n] = \cos(\pi n/2 + \theta)$ を得たい．どのような処理が考えられるか．

【解答】 $\omega = 0$ で振幅値が 0 となる場合 4 を使用する．最も単純な場合 4 は，$y[n] = K\{x[n] - x[n-1]\}$ である．周波数特性を求め (5 章 演習問題 (1) 参照)，$\omega = \pi/2$ での振幅値 $A(\pi/2) = 1$ となるように定数 K を決める．$K = 1/\sqrt{2}$ となる． □

10.4 フィルタの伝達関数近似

所望の周波数特性を持つ伝達関数を決定する問題を考える．これは，伝達関数近似と呼ばれる．ある仕様を満たす伝達関数は，無数に存在し，その伝達関数の構成もさらに自由度がある．

(a) 所望の特性

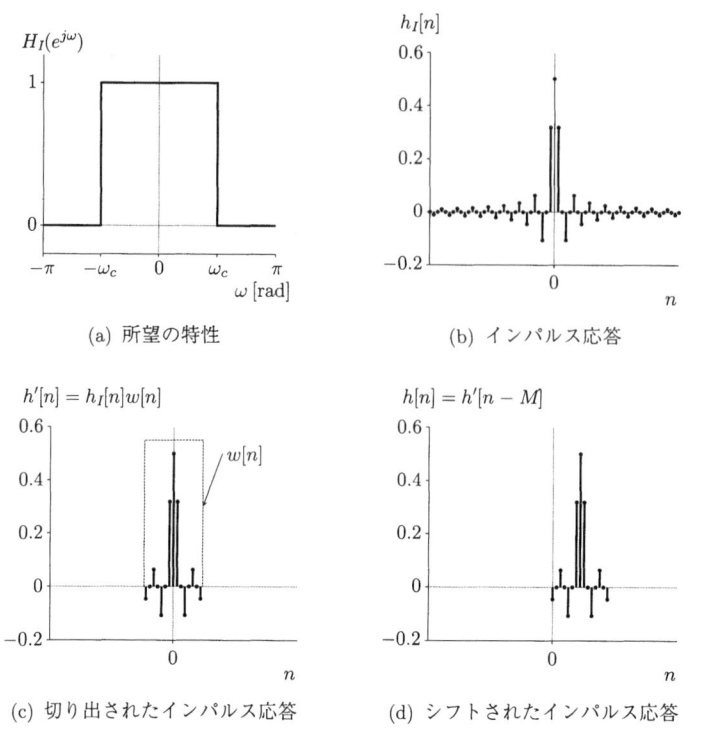

(b) インパルス応答

(c) 切り出されたインパルス応答

(d) シフトされたインパルス応答

図 **10.8** 窓関数法

ここでは，FIR フィルタの伝達関数

$$H(z) = \sum_{n=0}^{N-1} h[n] z^{-n} \tag{10.15}$$

を例にして，窓関数法という近似法を紹介する．ここで，パラメータは N と $h[n]$ のみである．

(1) 周波数特性とインパルス応答

式 (10.15) における $h[n]$ はインパルス応答である．周波数特性は，$h[n]$ を離散時間フーリエ変換 (DTFT) したものである．したがって，所望の周波数特性の逆 DTFT により，$h[n]$ を求めるという発想は自然である．

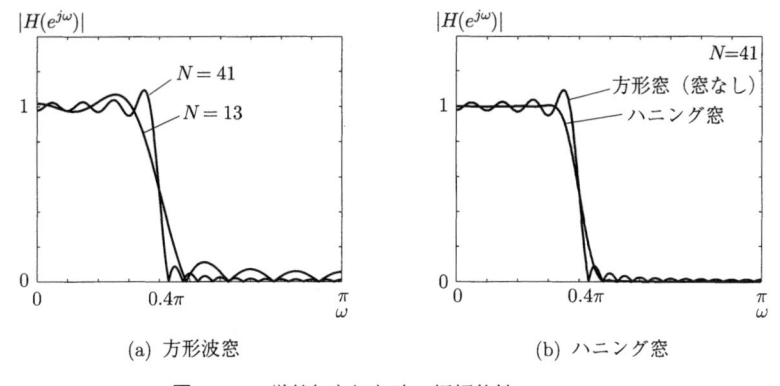

図 10.9 単純打ち切り時の振幅特性 $\omega_c = 0.4\pi$

(a) 方形波窓
(b) ハニング窓

いま，図 10.8(a) の振幅特性を近似する．この特性を逆 DTFT すると，

$$h_I[n] = \frac{1}{2\pi}\int_{-\pi}^{\pi} H(e^{j\omega n})d\omega$$

$$= \frac{1}{2\pi}\int_{-\omega_c}^{\omega_c} e^{j\omega n}d\omega = \frac{1}{2\pi}\left[\frac{1}{jn}e^{j\omega n}\right]_{-\omega_c}^{\omega_c}$$

$$= \frac{\omega_c}{\pi}\cdot\frac{\sin\omega_c n}{\omega_c n} \tag{10.16}$$

と求められる．この $h_I[n]$ は図 10.8(b) に示すように，無限個の値をとり，かつ因果性を満たさない $(h_I[n] \neq 0, n < 0)$．したがって，因果性を満たす FIR フィルタの伝達関数を導出するために，$2M+1$ 個でインパルス応答を打ち切り，

$$H'(z) = \sum_{k=-M}^{M} h_I[k]z^{-k} \tag{10.17}$$

さらにそれを時間シフトする (図 10.8 (c),(d) 参照)．すなわち伝達関数は，

$$H(z) = H'(z)z^{-M}$$
$$= \sum_{k=0}^{2M} h_I[k-M]z^{-k} \tag{10.18}$$

と表現される．

図 10.9 (a) は，上述の伝達関数の周波数特性を例示したものである．$\omega = \omega_c$ の付近において特性が振動するのがわかる．これは所望特性の不連続性が起因するものであり，**ギブスの現象** (Gibbs phenomenon) といわれる．

(2) 窓関数の導入

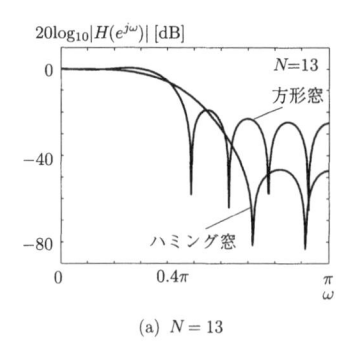

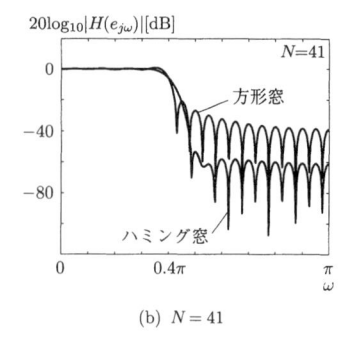

図 10.10　例題 10.7

ギブスの現象をおさえ，かつ近似される特性を制御するために，一般に窓関数 $w[n]$ を利用する．これは，インパルス応答を切り出す際に重み付け $(h_I[n]w[n])$ を行うことに相当する．式 (10.18) において，インパルス応答 $h[n]$ を

$$h[n] = h_I[k - M]w[n - M] \tag{10.19}$$

と選ぶ．このときの伝達関数は，$N = 2M + 1$ とおくと，式 (10.15) に対応する．これが，伝達関数近似法の1つである窓関数法である．式 (10.18) は，$\omega[n]$ として方形波窓を選んだ場合に相当する．

図 10.9 (b) に窓関数法による近似例を図示する．適切な窓関数の選択によって，ギブスの現象が抑えられていることがわかる．

【例題 10.7】 $\omega_c = 0.4\pi, N = 13$ と $N = 41$ の場合について，方形波形とハニング窓を用いて，それぞれ伝達関数を近似せよ．

【解答】 振幅特性を [dB] 表示した図 10.10 参照．同じ N でも阻止域減衰量と遮断域の急峻さに違いがあることがわかる．一般に阻止域減衰量は，窓関数のサイドローブレベルに，遮断域の急峻さはメインローブの特性に支配される．大きな N の選択は，急峻さは改善するが，阻止域減衰量の改善には貢献しない．したがって，必要な阻止域減衰量の確保は，窓関数の種類の選択によって行われる．　□

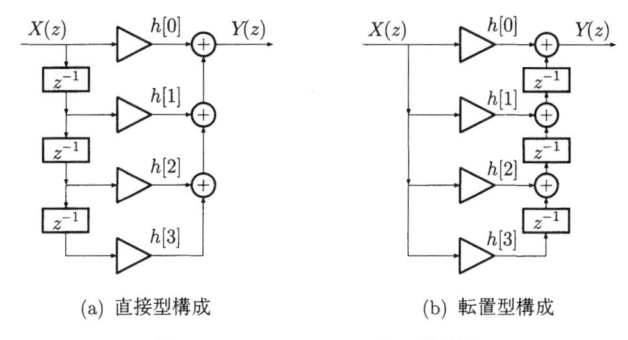

図 **10.11**　FIR フィルタの構成法

10.5　フィルタの構成

ディジタルフィルタのハードウェア構成には，種々の方法がある．ここでは，代表的な構成法を説明する．本章で説明しているディジタルフィルタは，線形時不変システムであるので，先に述べた構成法と一部重複する．

(1) FIR フィルタ

式 (10.11) の伝達関数を考える．この伝達関数は，$N = 4$ を例にすると，図 10.11 (a) または (b) のように構成される．(a) の構成を**直接型構成**，(b) の構成を**転置型構成**という．両者の違いは遅延器 z^{-1} の位置であるが，同じ入出力関係を持つことを容易に確認できる．

また，FIR フィルタが直線位相特性を持つ場合，そのインパルス応答は対称性を持つ．したがって，約半分の乗算値は同じ値となるので，実現の際に，乗算器の数を約半分に低減することができる (例題 10.8 参照)．

【**例題 10.8**】　伝達関数 $H(z) = a + bz^{-1} - bz^{-2} - az^{-3}$ を 2 個の乗算器を用いて構成せよ．ただし，a および b は任意の定数である．

【**解答**】　これは場合 4 の直線位相フィルタである．図 10.12 の構成を得る．　□

(2) IIR フィルタ

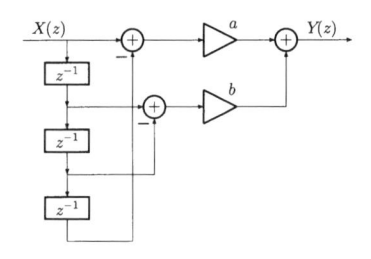

図 **10.12** 例題 10.8

IIR フィルタの伝達関数

$$H(z) = \frac{\displaystyle\sum_{k=0}^{M} a_k z^{-k}}{1 + \displaystyle\sum_{k=1}^{N} b_k z^{-k}} \tag{10.20}$$

を考える．この伝達関数は，図 10.13 のいずれの構成を用いてもよい ($M = N = 3$ の場合)．同図 (a) の構成を IIR フィルタの**直接型構成-I**, (b) を IIR フィルタの**直接型構成-II**, (c) を IIR フィルタの**転置型構成**という．

直接型構成-I と直接型構成-II は，同じ特性を持つフィルタであることを説明しよう．式 (10.20) の伝達関数を $H(z) = N(z)/D(z)$ と分母，分子の z 多項式をわけて表現しよう．このとき，

$$\begin{aligned} H(z) &= N(z)(1/D(z)) \\ &= (1/D(z))N(z) \end{aligned} \tag{10.21}$$

を得る．上式は，図 10.14 に示すように，$H(z)$ を $H_1(z) = N(z)$ と $H_2(z) = 1/D(z)$ の 2 つのフィルタの縦続型構成であると解釈でき，その順番を入れ換えたことに相当する．その結果，2 つのフィルタは遅延器を共通に使用でき，遅延器の個数を低減することが可能となる．この理由から，直接型構成-II は，直接型構成-I に比べ，より広く使用されている．

図 10.13 (c) の転置型構成は，FIR フィルタの転置型構成と同様に，遅延器の位置を移動したものである．その結果，遅延器を共通に使用することが可能となり，遅延器の個数を低減することができる．

(3) IIR フィルタの縦続型構成

高次の IIR フィルタを実際に使用する場合には，次に述べる縦続型構成が最も広く用いられている．

10.5 フィルタの構成

(a) 直接型構成 I

(b) 直接型構成 II

(c) 転置型構成

図 **10.13** IIR フィルタの直接型構成

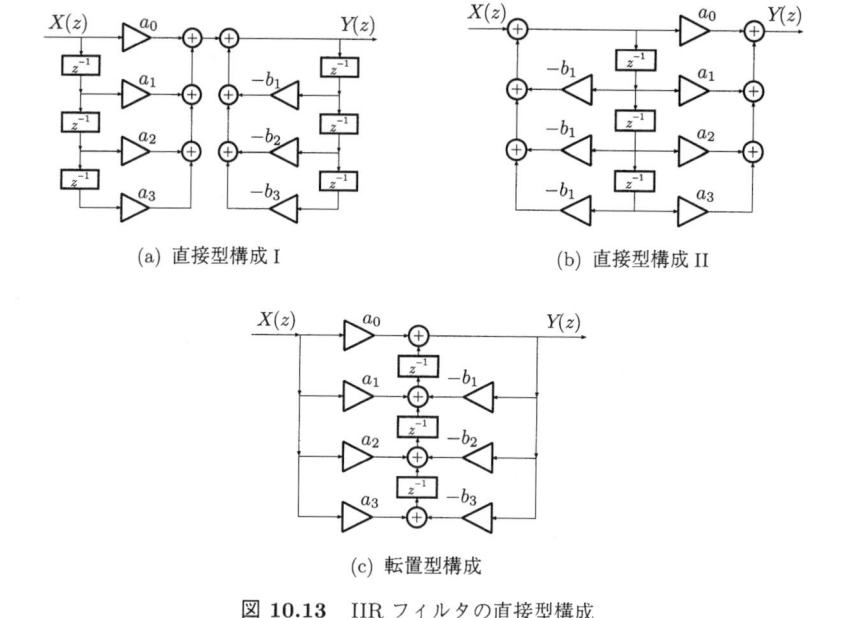

式 (10.20) の伝達関数を 2 次の伝達関数で因数分解する．すなわち

$$H(z) = H_0 \prod_{k=1}^{L} \frac{a_{0k} + a_{1k}z^{-1} + a_{2k}z^{-2}}{1 + b_{1k}z^{-1} + b_{2k}z^{-2}} \tag{10.22}$$

と表現する．ただし，H_0 は定数であり，L は整数である．

式 (10.22) の表現は，図 10.15 に示すように，2 次の伝達関数の縦続型構成として高次の伝達関数を実現できることを意味する．したがって，伝達関数の次数にかかわらず，常に 2 次の伝達関数の組み合わせとしてフィルタを実現することができる．2 次を最低次数として因数分解する理由は，実係数を一般的に維持できる最低次数が 2 次だからである．各 2 次の伝達関数は，図 10.13 を用いて実現することができる．

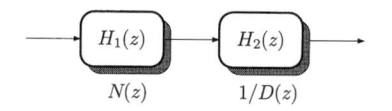

図 **10.14** 直接型構成-II の補足

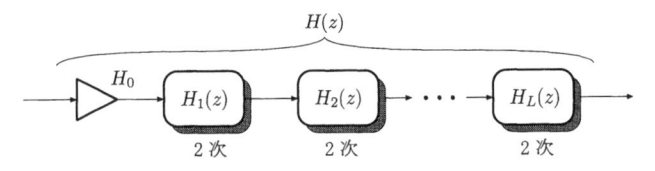

図 **10.15** IIR フィルタの縦続型構成

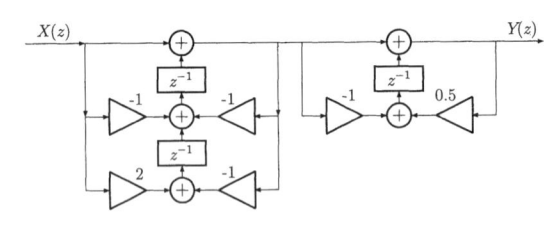

図 **10.16** 例題 10.9

伝達関数を部分分数展開し，低次の伝達関数の和の形式で高次の伝達関数を表現することもできる．この表現は，並列型構成を与える．詳細は省略する．

【**例題 10.9**】 3 次の伝達関数 $H(z) = (1 - z^{-1} + 2z^{-2})(1 - z^{-1})/\{(1 + z^{-1} + z^{-2})(1 - 0.5z^{-1})\}$ を縦続型構成せよ．ただし，各因数は転置型構成を用いるとする．

【**解答**】 図 10.16 を得る．この伝達関数は奇数次であるので，1 次の因数を含む．2 次の因数をさらに 1 次に因数分解すると，複素係数が必要になることを確認できる． □

演 習 問 題

(1) 図 10.17 のインパルス応答を持つ FIR フィルタを考える．このフィルタは直線位相フィルタかどうか，もし直線位相フィルタなら，場合を示せ．
(2) 図 10.17 (a) の周波数特性を計算し，振幅特性，位相特性，群遅延をそれぞれ求めよ．
(3) 伝達関数 $H(z) = 2 - 3z^{-1} + z^{-2} - 4z^{-3}$ を直接型構成，転置型構成でそれぞれ構成せよ．
(4) $H(z) = (2 + 3z^{-1})/(1 + 2z^{-1} - z^{-2})$ を直接型構成-II，転置型構成でそれぞれ構成せよ．
(5) 線形時不変なフィルタ $y[n] = x[n] - 2x[n-1] - 0.5y[n-1]$ を考える．以下の問いに答えよ．
　(a) IIR フィルタか，FIR フィルタかを示せ．
　(b) 伝達関数を求めよ．
　(c) フィルタの安定性を判別せよ．

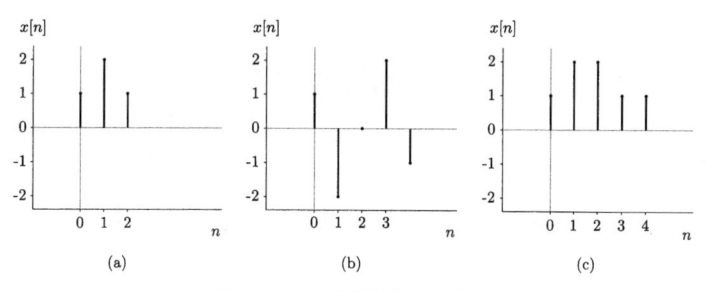

図 10.17　演習問題 (1) の説明

演習問題解答

1章

(1) 解図 1.1 参照 (b) および (c) に対して同じ波形 (b) を示す.

(2) 解図 1.2 参照

(3) 例えば，オーディオシステム，テレビ放送，ビデオ，電話，カメラなどがある．理由は省略する．

2章

(1) 大きさ 2, $\Omega = 2\pi F = 100\pi$ より，周波数 $F = 50$[Hz]，角周波数 $\Omega = 100\pi$[rad/sec] 初期位相 $\theta = -\pi/4$[rad]

(2) $T_s = 1/F_s = T/10 = 1/500$ より，$F_s = 500$[Hz]

(3) (a) 解図 2.1 参照. (b) $T_s = 1/F_s = 1/20 = 0.05$ に注意すると，非正規化表現は $x(nT_s) = 2\sin(10\pi nT_s)$ より，$x(0.05n) = 2\sin(0.5\pi n)$ となる．一方，正規化表現は $x[n] = 2\sin(0.5\pi n)$ である．

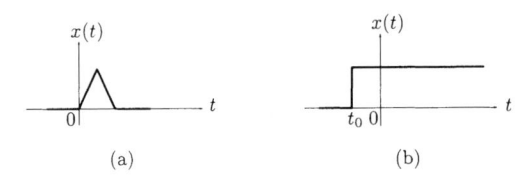

解図 1.1

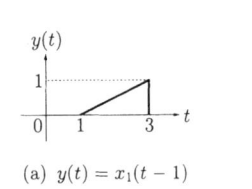

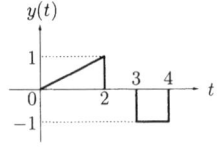

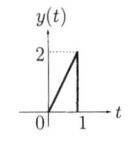

(a) $y(t) = x_1(t-1)$　　(b) $y(t) = x_1(t) - x_2(t)$

(c) $y(t) = 2x_1(2t)$

解図 1.2

演習問題解答

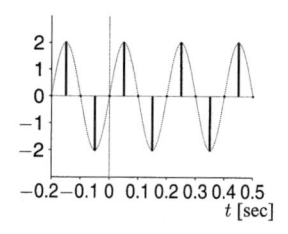

解図 2.1

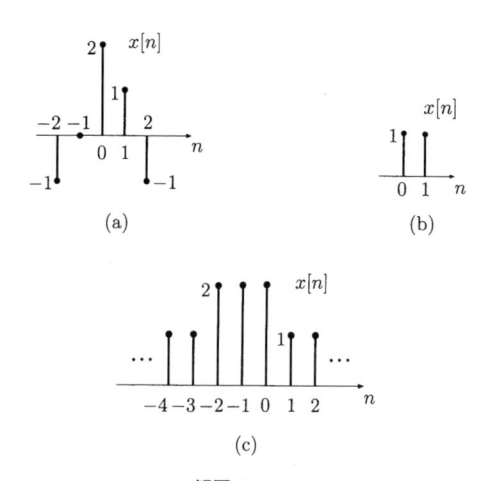

解図 2.2

(4) (a) $f = F/F_s = 0.2$, $\omega = 2\pi F/F_s = 0.4\pi$. (b) $f = 0.5$, $\omega = \pi$. (c) $f = 0.05$, $\omega = 0.1\pi$.

(5) (a) $F = f \times F_s = 10[\text{kHz}]$, $\Omega = 2\pi F = 2\pi \times 10^4[\text{rad/sec}]$, (b) $F = 80[\text{kHz}]$, $\Omega = 16\pi \times 10^4[\text{rad/sec}]$, (c) $F = 10[\text{kHz}]$, $\Omega = 2\pi \times 10^4[\text{rad/sec}]$

(6) $F' = F + kF_s$(例題 2.4) より，例えば，$k = 1$ を選ぶと $F' = 42[\text{kHz}]$ となる．

(7) 解図 2.2 参照．

3 章

(1) (a) 線形性を満たす．時不変性を満たさない．$y_1[n] = T[x_1[n]] = nx_1[n], y_2[n] = T[x_2[n]] = nx_2[n]$ とすると，$T[ax_1[n] + bx_2[n]] = anx_1[n] + bnx_2[n] = aT[x_1[n]] + bT[x_2[n]] = ay_1[n] + by_2[n]$．したがって，線形性を満たす．$y[n] = nx[n]$ の時，$y[n-k] = (n-k)x[n-k]$ となる．一方，$T[x[n-k]] = nx[n-k]$．すなわち，$y[n-k] = T[x[n-k]]$ が成立しない．したがって，時不変性を満たさない．(b) 線形性を満たさない．時不変性を満たす．(c) 線形性を満たす．時

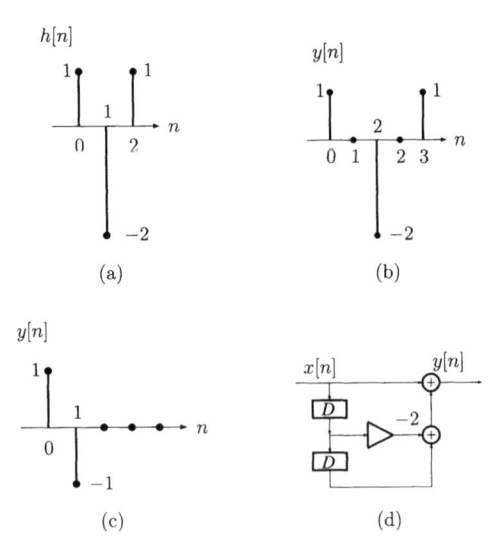

解図 3.1

(a), (b), (c), (d) のグラフ

不変性を満たさない．$y_1[n] = T[x_1[n]] = x_1[2n-1], y_2[n] = T[x_2[n]] = x_2[2n-1]$ とすると，$T[ax_1[n]+bx_2[n]] = ax_1[2n-1]+bx_2[2n-1] = aT[x_1[n]]+bT[x_2[n]] = ay_1[n]+by_2[n]$．したがって，線形性を満たす．$y[n] = x[2n-1]$ の時，$y[n-k] = x[2n-2k-1]$ となる．一方，$T[x[n-k]] = x[2n-1-k]$．すなわち，$y[n-k] = T[x[n-k]]$ が成立しない．したがって，時不変性を満たさない．(d) 線形性と時不変性を満たす．

(2) 解図 3.1 参照．
(3) $\delta[n] = u[n] - u[n-1]$ の関係に注意すると，$h[n] = y[n] - y[n-1]$ となり，解図 3.2 が得られる．
(4) 解図 3.3 参照．
(5) (a) $h[n] = \delta[n] + 2\delta[n-1] - 3\delta[n-2]$．(b) $h[n] = \delta[n+1] + 2\delta[n] - 3\delta[n-1]$

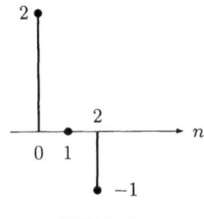

解図 3.2

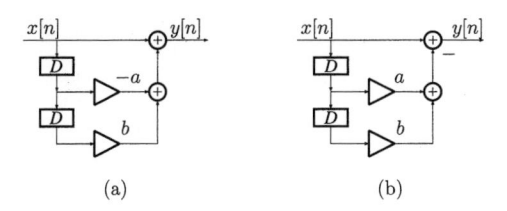

解図 3.3

(6) 例題 2.12 の結果，線形性と時不変性に注意すると $y(n) = T[u(n)] = \sum_{k=-\infty}^{n} T[\delta(k)] = \sum_{k=-\infty}^{n} h(k)$

(7) 式 (3.11) で $n-k=p$ とおくと，$y[n] = \sum_{p=-\infty}^{\infty} h[p]x[n-p]$ となり，式 (3.13) と一致する．

(8) (6) の結果から，$y[n] = a\delta[n] + (a+b)\delta[n-1] + (a+b+c)\sum_{k=2}^{\infty} \delta[n-k]$

4章

(1) (a) $X(z) = z^2 - 2 + 2z^{-2}$. (b) $X(z) = 1 + z^{-1} + z^{-2} + \cdots = 1/(1-z^{-1})$. (c) $X(z) = 1/(1-z^{-1}) + 0.5z^{-1}/(1-z^{-1}) = (1+0.5z^{-1})/(1-z^{-1})$ (d) $X(z) = -b^{-1}z - b^{-2}z^2 - b^{-3}z^3 - \cdots = -b^{-1}z(1+b^{-1}z+b^{-2}z^2+...) = -b^{-1}z/(1-b^{-1}z) = 1/(1-bz^{-1})$ (コラム C 参照) (e) $\cos(\omega n)u[n] = 1/2(e^{j\omega n} + e^{-j\omega n})u[n]$ に注意すると，$X(z) = 0.5/(1-e^{j\omega}z^{-1}) + 0.5/(1-e^{-j\omega}z^{-1}) = (1-\cos(\omega)z^{-1})/(1-2\cos(\omega)z^{-1}+z^{-2})$

(2) (a) $Y(z) = 2X(z)$. (b) $Y(z) = 2X(z)z^{-2}$. (c) $Y(z) = 2X(z) + 2X(z)z^{-2}$. (d) $Y(z) = \sum_{n=-\infty}^{\infty}(-1)^n x[n]z^{-n} = \sum_{n=-\infty}^{\infty} x[n](-z)^{-n} = X(-z)$, ここで $(-1)^n = (-1)^{-n}$ に注意．

(3) (a) $H(z) = 1 + az^{-1} + bz^{-2}$. (b) $H(z) = a + bz^{-1} + -cz^{-2}$.

(4) 解図 4.1 参照

(5) (a) $H(z) = 2 - z^{-1} + 2z^{-2}$. (b) $H(z) = (a+bz^{-1})z^{-1} + a + bz^{-1} = (a + (a+b)z^{-1} + bz^{-2})$.

(6) たたみ込みを z 変換すると，まず $\sum_{n=-\infty}^{\infty} \sum_{k=-\infty}^{\infty} x_1(k)x_2(n-k)z^{-n}$

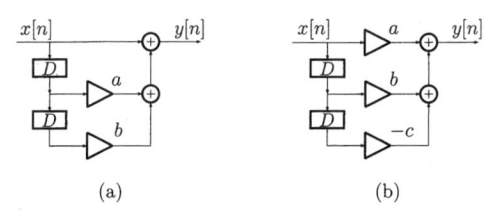

解図 4.1

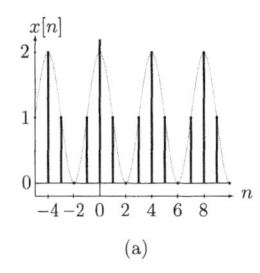

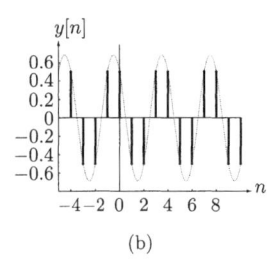

解図 **5.1**

$= \sum_{k=-\infty}^{\infty} x_1(k) \sum_{n=-\infty}^{\infty} x_2(n-k)z^{-n}$ と整理される．次に，$n-k=p$ とおくと $\sum_{k=-\infty}^{\infty} x_1(k) \sum_{p=-\infty}^{\infty} x_2(p)z^{-p}z^{-k} = X_2(z) \sum_{k=-\infty}^{\infty} x_1(k)z^{-k} = X_2(z)X_1(z)$ $= X_1(z)X_2(z)$ を得る．

(7) (a) $H(z) = H_1(z)H_2(z) + H_3(z)$ (b) $H(z) = (H_1(z) + H_2(z))H_3(z)$

5 章

(1) (a) 解図 5.1 参照．(b) $H(e^{j\omega}) = \frac{1}{2}(1 - e^{-j\omega}) = \frac{1}{2}(e^{j\omega/2} - e^{-j\omega/2})e^{-j\omega/2} = j(\sin(\omega/2)e^{-j\omega/2} = \sin(\omega/2)e^{-j(\omega/2-\pi/2)}$. ゆえに，$A(\omega) = \sin(\omega/2), \theta(\omega) = -\omega/2 + \pi/2$. (c) $\omega = \pi/2$ より，$A = A(\pi/2) = 1/\sqrt{2}, \theta = \theta(\pi/2) = \pi/4, \omega = 0$ より，$A(0) = 0$ となり $K = 0$. ゆえに，$y[n] = 1/\sqrt{2} \cdot \cos(\pi n/2 + \pi/4)$.

(2) $H(z) = H_1(z)H_2(z)$ と例題 5.2 より，$H(e^{j\omega}) = \{1/3 \cdot (2\cos\omega + 1)\}^2 e^{-j2\omega}$ となり，$A(\omega) = 1/9 \cdot (2\cos\omega + 1)^2, \theta(\omega) = -2\omega$.

(3) $\omega = \pi/2$ を $H(z)$ の振幅特性 $A(\omega) = K/3 \cdot (2\cos(\omega) + 1)$ に代入すると，$A(\pi/2) = K/3$ となり，ゆえに $A(\pi/2) = 1$ のために $K = 3$ が選ばれる．

(4) (a) $H_1(z) = a + bz + cz^2, H_2(z) = a - bz^{-1} + cz^{-2}, H_3(z) = a + bz^{-2} + cz^{-4}$
    (b) $H_1(e^{j\omega}) = H(e^{-j\omega}) = A(-\omega)e^{j\theta(-\omega)} = A(\omega)e^{-j\theta(\omega)}, H_2(e^{j\omega}) = H(-e^{j\omega}) = H(e^{j(\omega+\pi)}), H_3(e^{j\omega}) = H(e^{j2\omega}) = A(2\omega)e^{j\theta(2\omega)}$

(5) $H(z) = \dfrac{(a + bz + cz^2)z^{-2}}{(a + bz^{-1} + cz^{-2})}, |e^{-j2\omega}| = 1$ であることに注意し，$D(e^{j\omega}) = a + be^{-j\omega} + ce^{-j\omega}$ とおくと，$|H(e^{j\omega})| = |D(e^{-j\omega})|/|D(e^{j\omega})| = 1$.

(6) (a) 0 [dB], (b) -80[dB], (c) 80[dB]

(7) $H(e^{j0}) = a + b + c, H(e^{j\pi}) = a - b + c$,

(8) 式 (5.24) より，$T_s \cdot (N-1)/2 \leq 1$ より，$N \leq 9$ を得る．

(9) $H(e^{j\omega}) = 3e^{-j6\omega}$ より，$A(\omega) = 3, \theta(\omega) = -6\omega$

6 章

(1) 解図 6.1 参照．

(a) 　　　　　　　　　　　(b)

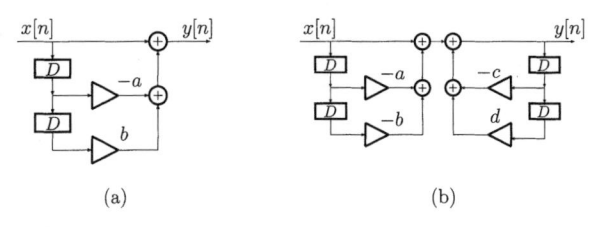

解図 6.1

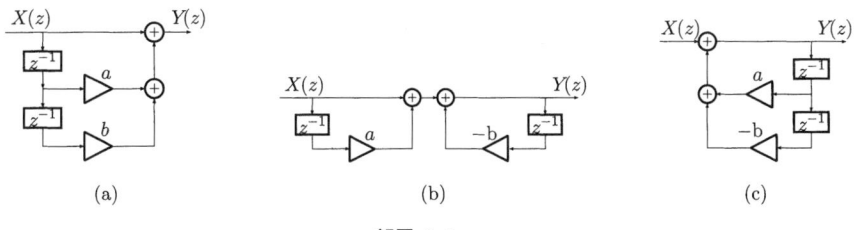

(a) 　　　　　(b) 　　　　　(c)

解図 6.2

(2) (a) $y[n] = 2x[n] - x[n-1] + 2x[n-2] + 0.5y[n-1]$. (b) 初期休止条件を仮定し, $x[n] = \delta[n]$ を代入すると, $h[0] = 2$, $h[1] = 0$, $h[2] = 2$, $h[3] = 1$, $h[4] = 0.5$, $h[5] = (0.5)^2$. (c) 式 (6.18) から, 安定である.

(3) (a) $h[n] = \delta[n] + 2\delta[n-1] - 3\delta[n-2]$. (b) $h[n] = \delta[n] + \delta[n-1] - \delta[n-2] + \delta[n-3] - \delta[n-4] + \cdots + (-1)^{k-1}\delta[n-k] + \cdots$, $k \geqq 2$

(4) (a) べき級数展開法より, $x[n] = \delta[n+2] + \delta[n] + 2\delta[n-3]$. (b) $x[n] = (0.5)^n u[n]$. (c) $x[n] = 2(0.5)^{n-1}u[n-1] + u[n]$. (d) $X(z) = (-1)/(1 - 0.5z^{-1}) + 2/(1 - z^{-1})$ と部分分数展開できるので, $x[n] = -(0.5)^n u[n] + 2u[n]$

(5) (a) $H(z) = 1 + az^{-1} + bz^{-2}$. (b) $H(z) = (1 + az^{-1})/(1 + bz^{-1})$. (c) $H(z) = 1/(1 - az^{-1} + bz^{-2})$

(6) 解図 6.2 参照

(7) (a) 極は $z = 0$ に重根で持つ. 安定である. (b) 極は $z = -0.5$ である. 安定である.

(8) (a) $H(z) = 2 - z^{-1} + 2z^{-2}$. (b) $H(z) = 1/(1 - 0.5z^{-1} + 0.5z^{-2})$. (c) $H(z) = (2 - z^{-1} + 2z^{-2})/(1 - 0.5z^{-1})$.

7 章

(1) 解図 7.1 参照

(2) 離散時間フーリエ変換を求めると, $X(e^{j\omega}) = 2 + e^{-j\omega} + e^{j\omega} = 2 + 2\cos(\omega)$ 離散時間フーリエ係数を求めると $X_4[k] = W_4^k + 2 + W_4^{-k} = 2 + 2\cos(2\pi k/4)$

(3) $x_N[n] = 2 + 4\cos(\pi n/4 + \pi/4)$

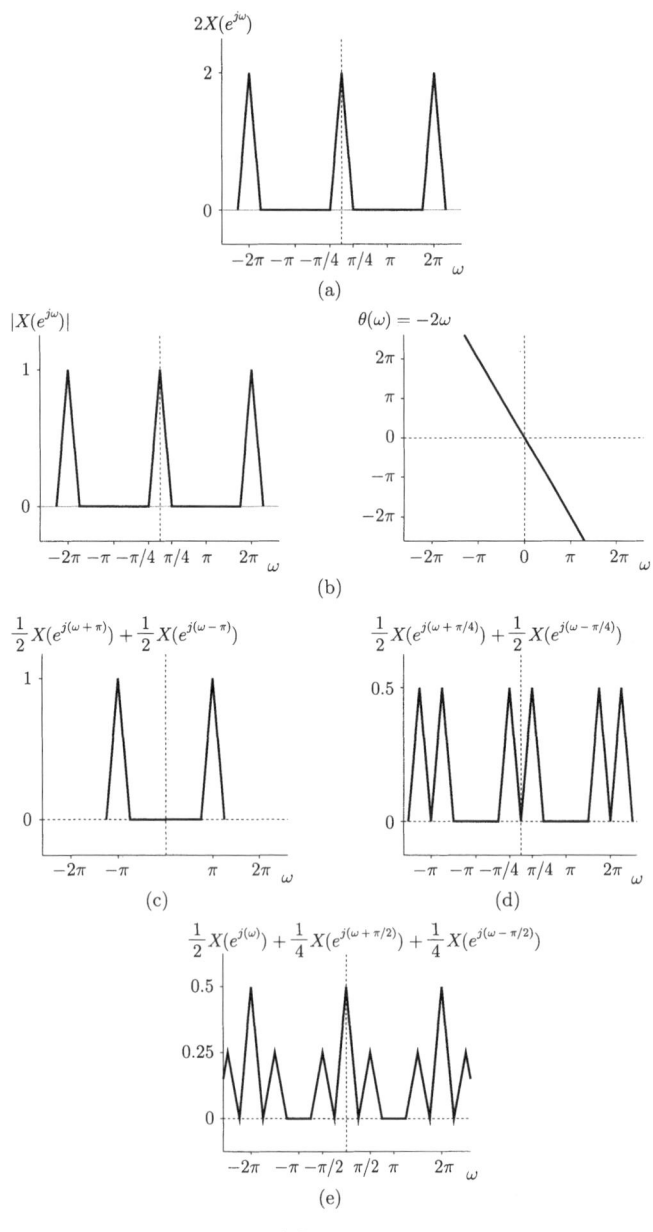

解図 **7.1**

(4) $X_4[0] = 4, X_4[1] = 2e^{-j\pi/4}, X_4[2] = 0, X_4[3] = 2e^{j\pi/4}$

(5) $F_s/N = 5$ より, $N = 200$ となる. また $T = N \times T_s = 0.2[\text{sec}]$ である.

8章

(1) (a) $x_T(t) = 2e^{-j2\Omega_0 t} + e^{-j\pi/4}e^{-j\Omega_0 t} + 1 + e^{j\pi/4}e^{j\Omega_0 t} + 2e^{j2\Omega_0 t} = 1 + 2\cos(\Omega_0 t + \pi/4) + 4\cos(2\Omega_0 t)$. (b) $\Omega_0 = 2\pi/T$ から, $T = 0.5[\text{sec}]$

(2) $x(t) = e^{j\pi/2}e^{-j2\Omega_0 t} + 0.5e^{-j\pi/4}e^{-j\Omega_0 t} + 1 + 0.5e^{j\pi/4}e^{j\Omega_0 t} + e^{-j\pi/2}e^{j2\Omega_0 t}$ と変形できる. スペクトルは解図 8.1 参照

(3) $x(t) = 1/2\pi \cdot \int_{-\infty}^{\infty} X(\Omega)e^{j\Omega t}d\Omega = 1/2\pi \cdot \int_{-\Omega_m}^{\Omega_m} Ae^{j\Omega t}d\Omega = (\Omega_m A)/\pi \cdot \sin(\Omega_m t)/\Omega_m t$

(4) $F_0 = 2[\text{Hz}]$ に注意すると, この信号の最高周波数は $2F_0 = 4[\text{Hz}]$ である. (a) ゆえに, ナイキストレートは, $1/4 = 0.25[\text{sec}]$. (b) $F_s > 4$ に選べばよい. (c) 満たさない. ゆえに, 振幅特性が $4[\text{Hz}]$ 以上の周波数で零値をとるフィルタにより帯域制限する必要がある.

(5) $F_s/N = 40[\text{Hz}]$

(6) $X[0] = 3, X[1] = 1, X[2] = -1, X[3] = 1$

(7) いま, サンプリング周期 T_s を $T_s = T/N$ と選ぶ. このとき, DTFS の式は

$$x_T(nT_s) = \sum_{k=-\infty}^{\infty} C_k e^{jk\Omega_0 nT_s} = \sum_{k=-\infty}^{\infty} C_k e^{j2\pi kn/N} \quad (8.23)$$

となる. $W_N = e^{-j2\pi/N}$ と置くと,

$$x_T(nT_s) = \sum_{k=-\infty}^{\infty} C_k W_N^{-nk} = \sum_{k=0}^{N-1} \left\{ \sum_{r=-\infty}^{\infty} C_{k+rN} \right\} W_N^{-nk} \quad (8.24)$$

$$= \sum_{k=0}^{N-1} \hat{C}(k) W_N^{-nk}$$

を得る. ここで, W_N^{-nk} は, 独立な値として高々 N 個しか存在しないことに注意する. ゆえに, 式 (7.5) の DTFS と上式を比較することにより, 式 (8.5) を得る.

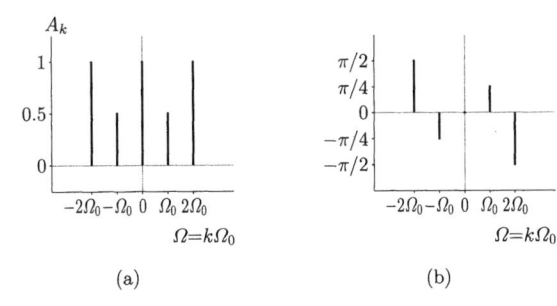

解図 8.1

9章

(1)
$$\begin{bmatrix} X[0] \\ X[1] \\ X[2] \\ X[3] \end{bmatrix} = \begin{bmatrix} 1 & 0 & 1 & 0 \\ 0 & 1 & 0 & 1 \\ 1 & 0 & -1 & 0 \\ 0 & 1 & 0 & -1 \end{bmatrix} \begin{bmatrix} 1 & 0 & 0 & 0 \\ 0 & 1 & 0 & 0 \\ 0 & 0 & W_4^0 & 0 \\ 0 & 0 & 0 & W_4^1 \end{bmatrix}$$
$$\cdot \begin{bmatrix} 1 & 1 & 0 & 0 \\ 1 & -1 & 0 & 0 \\ 0 & 0 & 1 & 1 \\ 0 & 0 & 1 & -1 \end{bmatrix} \begin{bmatrix} x[0] \\ x[2] \\ x[1] \\ x[3] \end{bmatrix}$$

(2) 直接計算では, $N = 256$ で 65536 回, $N = 1024$ で 1048576 回の複素乗算が必要である. 一方, FFT を用いた場合には, $N = 256$ で 896 回, $N = 1024$ で 4608 回となる. ゆえに, その割合は, $N = 256$ で 73.143, $N = 1024$ では 227.556 となり, N が大きいほど, FFT の効果が顕著になる.

(3) $y[n] = \delta[n] + 4\delta[n-1] + 4\delta[n-2]$

(4) $s_{fg}[[m]] = (1/K)\sum_0^{M-m-1} f[n]g[n+m] = (1/K)\sum_{n=-\infty}^{\infty} f[n]g[n+m]$ に注意すると, $s_{gf}[m] = (1/K)\sum_{-\infty}^{\infty} g[n]f[n+m] = (1/K)\sum_{-\infty}^{\infty} g[n]f[n+m] = (1/K)\sum_{-\infty}^{\infty} f[l]g[l-m] = s_{fg}[-m]$

(5) $F_s/N = 10$ より, $N = 100$ となる. ゆえに, 周期 $N = 100$ を仮定するので, 窓長は $N = 100$ 以下に選ばれる.

(6) $x(t)$ に対してアナログフィルタで 20[kHz] までの帯域制限を施し, $F_s > 40$[kHz] と選びサンプリングする. $F_s/N = 10$ より, $F_s = 40$[kHz] とすると $N = 4000$ となる. ゆえに $N = 4000$ 以下の窓長を選び信号を切り出し, 4000 点 DFT に基づきスペクトル解析を実行する.

(7) $F[k] = \overline{F}[-k] = \overline{F}[N-k]$. ただし, N は DFT 点数である.

(8) $f[n] = h[n], n = 0, 1, 2, f[n] = 0, n = 3, 4, \cdots, 1023$

10章

(1) (a) 直線位相, 場合 1. (b) 直線位相, 場合 2. (c) 直線位相ではない.

(2) $H(e^{j\omega}) = 1 + 2e^{-j\omega} + e^{-j2\omega} = (2\cos(\omega)+2)e^{-j\omega}$, $A(\omega) = (2\cos(\omega)+2)$, $\theta(\omega) = -\omega$, $n_d = -1$

(3) 解図 10.1 参照

(4) 解図 10.2 参照

(5) (a)IIR フィルタ. (b)$H(z) = (1-2z^{-1})/(1+0.5z^{-1})$. (c) 極は $z = -0.5$ であるので, 安定.

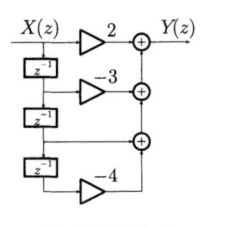

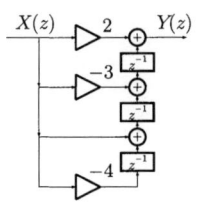

(a) 直接型構成   (b) 転置型構成

解図 10.1

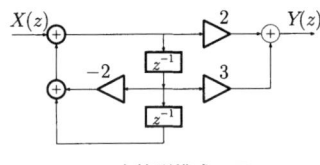

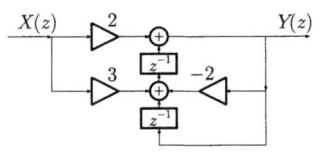

(a) 直接型構成 - II   (b) 転置型構成

解図 10.2

文　　献

1) A. V. Oppenheim and R. W. Schafer, Discrete-Time Signal Processing, Prentice Hall(1989)
2) 貴家仁志, ディジタル信号処理, 昭晃堂 (1997)
3) 樋口龍雄, 川又政征, ディジタル信号処理, 昭晃堂 (2000)
4) 前田肇, 信号システム理論の基礎, コロナ社 (1997)
5) 佐川雅彦, 貴家仁志, 高速フーリエ変換とその応用, 昭晃堂 (1992)

索引

(数字・欧字)

3点移動平均 31
BIBO 安定 90
BPF 154
BRF 154

DFT 99, 122
DTFS 98, 99
DTFS 係数 100
DTFT 98, 106, 109

FFT 99, 131
　——アルゴリズム 132
FIR システム 40, 83, 155
FIR フィルタ 167
FS 98
FT 98, 118

HPF 154

IDFT 122
IFFT アルゴリズム 137
IIR システム 40, 83, 155
IIR フィルタ 167

LPF 154

N 点移動平均 77

PCM 符号化 19

z 変換 66
　——の収束領域 53, 63
z 領域表現 72

(五十音順)

あ 行

アナログ信号 12, 21
アナログ–ディジタル (A/D) 変換器 122
アナログ–ディジタル変換 122
アパーチャ効果 129
アンチ・エイリアシングフィルタ 122
位相スペクトル 103
位相特性 69, 81
位相ひずみ 157, 158
一様量子化 17
因果性システム 36, 75
因果性信号 4, 36, 39
インパルス 22
　——応答 34, 80
　——の性質 22
　——列 28
エイリアシング 121
　——係数 118
オイラーの公式 11, 22
大きさ 11
折り返しひずみ 121

か 行

回転子 100
片側 z 変換 66
片側ラプラス変換 66
過渡域 156
基数2の周波数間引き型 132
ギブスの現象 165
基本角周波数 114
基本周期 3
基本周波数 114
逆 DFT 122
逆フーリエ変換 118
極 88
極座標表現 26
虚数部 26

クロス・パワー・スペクトル 148
クロネッカのデルタ 22
群遅延量 155
高域通過フィルタ 154
高速アルゴリズム 131
高速フーリエ変換 99, 131
孤立波 5

さ 行

再帰型システム 83
サイドローブ 143
雑音除去 2
サンプリング 12
　——角周波数 12
　——間隔 12
　——周期 12
　——周波数 12
　——定理 121
サンプル値 12
　——信号 13, 21
サンプルホールド 128
時間シフト 6
時間伸張 6
時間反転 5
時間間引き型 133
時間領域表現 72
自己共分散 147
自己相関関数 147
次数 57, 87
システム
　——関数 56
　——同定 3
　——の周波数特性 68
　——の伝達関数 56
自然サンプリング 29
実数部 26

索引

実フーリエ級数	114
シフト不変システム	34
時不変システム	34
周期	11
周期信号	3
周期的たたみ込み	139
縦続型構成	59, 168
縦続型接続	59
周波数	11
——スペクトル	103
——成分	98
——選択性フィルタ	153
——間引き型	133
——領域表現	72
純虚数	26
初期位相	11
初期休止条件	85
信号間の相関	2
信号の特徴解析	2
振幅スペクトル	103
振幅特性	69, 81
正規化角周波数	14
正規化周波数	14
正弦波信号	10, 21
遷移域	156
線形システム	34
線形時不変システム	35
線形性	109
線形定係数差分方程式	85
線形量子化	17
線スペクトル	106
相関関数	147
相互共分散	147
相互相関関数	147
阻止域	154
阻止域端角周波数	157

た 行

帯域制限信号	119
帯域阻止フィルタ	154
帯域通過フィルタ	154
対数表示	75
ダイナミックレンジ	16
たたみ込み	37, 80
——積分	80
単位インパルス関数	28
単位サンプル信号	22
単位ステップ信号	22
重複加算法	150, 151
重複保持法	151
直接型構成	167
——-I	168
——-II	168
直線位相フィルタ	155, 159
直線たたみ込み	37, 138
直交座標表現	26
通過域	154
通過域端角周波数	157
低域通過フィルタ	154
定係数差分方程式	84
ディジタル-アナログ (D/A)変換器	122
ディジタル-アナログ変換	122
ディジタル信号	21
ディジタル信号処理	1
ディジタルフィルタ	153
ディラックのデルタ関数	28
転置型構成	167, 168

な 行

ナイキスト間隔	121
ナイキストレート	121

は 行

バタフライ演算	136
ハニング窓	146
ハミング窓	146
パルス符号変調	19
パワー・スペクトル	148
反因果性信号	4
非因果性信号	4
非再帰型システム	83
非周期信号	4
左側信号	4
フィルタ	153
フィルタリング	153
フーリエ	
——解析	96
——級数	98, 114
——係数	114
——変換	98, 118
フェザー表示	26
複素共役	27
複素正弦波信号	21
複素フーリエ級数	114
復調	2
部分分数展開法	90
平均パワー	5
並列型構成	60, 170
並列型接続	60
べき級数展開法	89
変調	2
方形窓	146

ま 行

窓関数	141
——法	164
右側信号	4
無限インパルス応答	39
メインローブ	143

や 行

有限インパルス応答	39
有限エネルギー信号	5
有限長信号	4
有限入力有限出力安定	90
ユニタリ行列	101

ら 行

ラプラス変換	65
離散時間	
——信号	5, 12, 13, 21
——フーリエ級数	98
——フーリエ係数	100
——フーリエ変換	98, 109
離散スペクトル	106
離散フーリエ変換	99, 122

理想サンプリング	28	──誤差	17	零位相特性	75, 156
理想フィルタ	156	──雑音	17	零次ホールド	128
両側信号	4	──値	17	零点	88
量子化	16	──レベル	17	連続時間信号	5, 21
──関数	17, 18	零位相	156	連続スペクトル	106

〈著者略歴〉

貴 家 仁 志 （きや　ひとし）

工学博士
1982 年　長岡技術科学大学大学院修士課程修了
2000 年　東京都立大学工学部教授
現　在　東京都立大学名誉教授

- 本書の内容に関する質問は，オーム社ホームページの「サポート」から，「お問合せ」の「書籍に関するお問合せ」をご参照いただくか，または書状にてオーム社編集局宛にお願いします。お受けできる質問は本書で紹介した内容に限らせていただきます。なお，電話での質問にはお答えできませんので，あらかじめご了承ください。
- 万一，落丁・乱丁の場合は，送料当社負担でお取替えいたします。当社販売課宛にお送りください。
- 本書の一部の複写複製を希望される場合は，本書扉裏を参照してください。
[JCOPY]＜出版者著作権管理機構　委託出版物＞
- 本書は，昭晃堂から発行されていた「ディジタル信号処理のエッセンス」をオーム社から発行するものです。

ディジタル信号処理のエッセンス

2014 年 8 月 20 日　第 1 版第 1 刷発行
2025 年 1 月 20 日　第 1 版第 10 刷発行

著　　者　貴家仁志
発 行 者　村上和夫
発 行 所　株式会社オーム社
　　　　　郵便番号　101-8460
　　　　　東京都千代田区神田錦町 3-1
　　　　　電話　03(3233)0641(代表)
　　　　　URL https://www.ohmsha.co.jp/

© 貴家仁志 2014

印刷　千修　製本　協栄製本
ISBN978-4-274-21606-0　Printed in Japan

関連書籍のご案内

電気工学ハンドブック 第7版

一般社団法人 電気学会 [編]

電気工学分野の金字塔、充実の改訂！

　1951年にはじめて出版されて以来、電気工学分野の拡大とともに改訂され、長い間にわたって電気工学にたずさわる広い範囲の方々の座右の書として役立てられてきたハンドブックの第7版。すべての工学分野の基礎として、幅広く広がる電気工学の内容を網羅し収録しています。

編集・改訂の骨子

■ 基礎・基盤技術を固めるとともに、新しい技術革新成果を取り込み、拡大発展する関連分野を充実させた。

■ 「自動車」「モーションコントロール」などの編を新設、「センサ・マイクロマシン」「産業エレクトロニクス」の編の内容を再構成するなど、次世代社会において貢献できる技術の取り込みを積極的に行った。

■ 改版委員会、編主任、執筆者は、その分野の第一人者を選任し、新しい時代を先取りする内容となった。

■ 目次・和英索引と連動して項目検索できる本文PDFを収録したDVD-ROMを付属した。

- B5判・2706頁・上製函入
- 本文PDF収録DVD-ROM付
- 定価(本体45000円[税別])

主要目次

数学／基礎物理／電気・電子物性／電気回路／電気・電子材料／計測技術／制御・システム／電子デバイス／電子回路／センサ・マイクロマシン／高電圧・大電流／電線・ケーブル／回転機一般・直流機／永久磁石回転機・特殊回転機／同期機・誘導機／リニアモータ・磁気浮上／変圧器・リアクトル・コンデンサ／電力開閉装置・避雷装置／保護リレーと監視制御装置／パワーエレクトロニクス／ドライブシステム／超電導および超電導機器／電気事業と関係法規／電力系統／水力発電／火力発電／原子力発電／送電／変電／配電／エネルギー新技術／計算機システム／情報処理ハードウェア／情報処理ソフトウェア／通信・ネットワーク／システム・ソフトウェア／情報システム・監視制御／交通／自動車／産業ドライブシステム／産業エレクトロニクス／モーションコントロール／電気加熱・電気化学・電池／照明・家電／静電気・医用電子・一般／環境と電気工学／関連工学

もっと詳しい情報をお届けできます。
◎書店に商品がない場合または直接ご注文の場合も右記宛にご連絡ください。

ホームページ http://www.ohmsha.co.jp/
TEL/FAX TEL.03-3233-0643　FAX.03-3233-3440